イラスト図解

よくわかる
気象学

第2版

気象予報士
中島俊夫 著

ナツメ社

博士と学君

はじめに

　前書『イラスト図解 よくわかる 気象学』（第1版）がはじめて出版されたのは2006年のこと。あれから10年近くの歳月が経ちましたが、このようにまた新たに改訂版が出版されるのは、私の本を楽しみにしてくれている読者の皆さまがいてくださってのことです。本当にありがとうございます。

　『イラスト図解 よくわかる 気象学』は私にとっても人生の転機となった大切な本です。読者の皆さまからいただいた応援のお便り、はじめての執筆にともなう作業の大変さ——普段の仕事のあとに徹夜で執筆していたこともあり、気付けば、パソコンの前でつっぷすようにして寝ているなんてことも——いろいろな意味で、思い出深きものなのです（笑）。

　それでも、本当に書いてよかったと思います。当時は28歳。その若さで参考書を書けたことは、何よりも気象予報士講座の講師としての大きな大きな自信につながったものです。心なしか、授業のなかでも言葉に重みが出てきたように思います。まぁ、もちろんそれは手前味噌なのかも知れませんが……。

　さて、気象予報士試験は1月と8月、年に2回試験が行われている国家試験です。大きく分けて学科試験と実技試験があります。学科試験には一般知識と専門知識があり、一般知識は雨が降る仕組みなどの気象現象の基礎知識、専門知識とは気象レーダーや気象衛星などの天気予報がつくられる仕組みについて問われます。実技試験は、実際、ある日の天気図を読んで大雨になった理由などについて答える問題です。

　この本はそのなかの学科試験の、一般知識におもに対応しています。というのも、学科試験は気象学の基礎だからです。基礎とは土台です。その土台がしっかりしていないとその上に何か新しいものを築くことはできません。つまり基礎が固まっていないと応用が効かないのです。

　この本では難しい言葉はできる限り省いて、数式や記号などの意味も一から丁寧に解説しています。私はもともと気象の知識などなかった人間ですから、同じように気象学をまったく知らない人に対してもわかりやすく書くことができるはず。私の願いは、気象の基礎をきちんと学んでいただきたいということに尽きます。そのためには事実を正しく書くだけではなく、そのうえで楽しくないといけない。そう思った私は得意だったイラストをこの本のなかにたくさんちりばめて、なるべく飽きないように勉強を進めていただくための工夫をしたのです。

　そのなかでも特に思い入れがあるのが、この本のメインキャラクターである博士と学君です。改訂にあたり、私が一番楽しみであったのはこの博士と学君に再び

出会えることです。この2人を描いているのは確かに私なのですが、書いている私も驚くくらい彼らは自由に動き回るのです。少しおかしないいかたになるかもしれませんが、この本のなかで確かに生きているのです。よくマンガ家の先生が、物語が進むとキャラクターが勝手に動くとおっしゃいます。まさにそう、それなんですよね（笑）。この改訂版では全体的な見直しと、最近の試験の内容に合わせた追記をしていますが、マンガパートが大きく増えて、さらに色もついて、格段に見やすくなっているところも大きな変化だと思います。心なしか博士と学君も、さらに生き生きと動き回っているように思えて……なんだかとても楽しそうに思えてきます。

　前回の本でも紹介をしましたが、反響がよかったので、もう一度ご紹介をさせていただきます。博士と学君のモデルは、私自身です。博士が講師としてのいまの私、学君が気象学を勉強しはじめた頃の私です。**この本で、学君は数式が出てきたらすごく嫌な顔をしますし、わからない言葉が出てきたらもうムリ、という顔をします。だけど、言葉の意味や数式のもととなる考え方がわかったときには、とても嬉しそうな顔をするんですよね。**なにより学君のすごいところは、この本のなかで成長していることです。はじめは気象学についてまったく何も知らなかったのに、後半には博士の言葉に補足をするようになり、最後の章では……「友だちからお天気博士と呼ばれてるんだ」といっています。もしかして他人事のように聞こえたら申し訳なく思いますし、本当に作者なのかとツッコミがきそうですが、学君は学君なりに、時間の合間をみつけてコツコツと努力しているんだなと思いました。やはり、彼らはこの本のなかで生きているのだと思いますね（笑）。

　元気で、素直で、数式と聞くと嫌がる学君。それでも絶対に諦めません。諦めない学君だからこそ、そのすぐ側で博士は、最後の最後まで信じて、気象学についてお話しするのでしょうね。この学君の存在こそが、私から読者の皆さまへのメッセージです。そんな**学君と一緒に気象学を楽しく学んでいっていただけると私も大変嬉しいです。**

　最後になりましたが、本はひとりでは書けません。私に気象学のイロハを教えてくださった船見信道先生、中西秀夫先生、岡本治朗先生、本当にお世話になりました。いまの私があるのは先生方のおかげです。また、編集をお手伝いいただいたヴュー企画の西澤直人さま、佐藤友美さま、そして、この本を出版するチャンスをくださったナツメ出版企画の山路和彦さま、いろいろとご迷惑をおかけした部分もありましたが、本当にありがとうございました。

中島俊夫

目次

博士と学君 ………………………… 2
はじめに …………………………… 3
目次 ………………………………… 5

第1章　太陽系の中の地球 …………………………… 11

マンガ 地球型と木星型、2つのタイプの惑星がある！ ……… 12
第1節 ● 太陽系を2つに分ける ………………………… 14
マンガ 密度って物質量のこと？ …………………………… 16
第2節 ● 密度 ……………………………………………… 18
マンガ 空気って何からできているの？ ……………………… 20
第3節 ● 地球の大気を知る ………………………………… 22

第2章　大気の鉛直構造 ………………………………… 25

マンガ 高度が高いほど気温が下がるのは間違い？ ………… 26
第1節 ● 気温と高度の関係を知る ………………………… 28
マンガ 成層圏の気温上昇にはオゾンが関係している！ …… 30
第2節 ● 成層圏の気温上昇の理由 ………………………… 32

第3章　大気の熱力学 …………………………………… 37

マンガ 気圧って空気の圧力のことじゃないの？ …………… 38
第1節 ● 気圧 ……………………………………………… 40
マンガ 状態方程式は気象学の基本！ ……………………… 42
第2節 ● 理想気体の状態方程式 …………………………… 44

目次

マンガ 地球の大気は動かない!?	48
第3節 ● 静水圧平衡（静力学平衡）	50
マンガ 水の変化にはいろんな名前がついている！	54
第4節 ● 水の相変化（状態変化）	56
マンガ 気球が膨らむのは空気を暖めているから！　でも	58
第5節 ● 断熱変化	60
マンガ 空気に熱を加えるとどうなる……？	66
第6節 ● 熱力学の第一法則	68
マンガ 大気が不安定って、どんな状態？	72
第7節 ● 大気の安定・不安定	74
マンガ 同じ高さで比べてみると……？	76
第8節 ● 3つの安定・不安定	78
マンガ 温位ってなぁに？	82
第9節 ● 温位	84
マンガ 水蒸気の量はいろんな表現の仕方がある！	92
第10節 ● いろいろな水蒸気を表す量	94
マンガ 対流不安定ってどんな状態？	100
第11節 ● 対流不安定	102
マンガ 高度とともに気温は低くなる？　高くなる？	106
第12節 ● 逆転層	108
マンガ いろんなことがわかるエマグラム	112
第13節 ● エマグラム	114
マンガ 実際にエマグラムをみてみよう	120
第14節 ● 対流有効位置エネルギーと対流抑制	125

| マンガ | 分子量ってなぁに？ | 130 |
| 第15節 ● 仮温度 | 132 |

第4章　降水過程　135

マンガ	空気中のちりやほこりが重要！	136
第1節 ● エアロゾル	138
マンガ	日本で降る雨はほとんどが冷たい雨？	142
第2節 ● 暖かい雨と冷たい雨	144
マンガ	雲？　それとも霧？	153
第3節 ● 雲と霧	155

第5章　大気における放射　161

マンガ	地球は太陽からエネルギーを受け取っている	162
第1節 ● 太陽放射について	164
マンガ	人間の体も放射をしている	168
第2節 ● 黒体について	170
マンガ	地球では熱エネルギーの出入りがつり合っている！	176
第3節 ● 放射平衡温度	178
マンガ	太陽光線はいろいろな方向に反射されている	185
第4節 ● 散乱	187

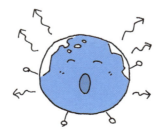

目 次

第6章　大気の運動 ……………………… 191

- マンガ　風の正体って……？ …………………………… 192
- 第1節 ● 天気図 ………………………………………… 194
- マンガ　気圧傾度について知っておこう！ ……………… 198
- 第2節 ● 気圧傾度 ……………………………………… 200
- マンガ　空気塊は気圧の高いほうから低いほうへ進む … 202
- 第3節 ● 気圧傾度力 …………………………………… 204
- マンガ　風を右に曲げる力 ……………………………… 208
- 第4節 ● コリオリ力（転向力）………………………… 210
- マンガ　地衡風ってなぁに？ …………………………… 216
- 第5節 ● 地衡風 ………………………………………… 218
- マンガ　曲がりながら進む風 …………………………… 226
- 第6節 ● 傾度風 ………………………………………… 228
- マンガ　比較的低い場所で吹く風って……？ ………… 238
- 第7節 ● 地上付近で吹く風 …………………………… 240
- マンガ　本当は"吹いていない"風！? ………………… 246
- 第8節 ● 温度風 ………………………………………… 248
- マンガ　地上付近を3つの層に分ける ………………… 256
- 第9節 ● 大気境界層 …………………………………… 258
- マンガ　空気は集まったり離れたりする ……………… 264
- 第10節 ● 収束・発散 …………………………………… 266

| マンガ | 反時計回りと時計回りの渦 …………… 268
第 11 節 ● 渦度 ……………………………… 270
| マンガ | さらに地球も回っている！ …………… 276
第 12 節 ● 絶対渦度 ………………………… 278

第 7 章　大規模な大気の運動 …………… 281

| マンガ | 赤道と北極・南極ではなぜこんなに温度が違うの？ ……… 282
第 1 節 ● 緯度別に見た熱収支 ……………… 284
| マンガ | 平均した風って!? ………………………… 288
第 2 節 ● 大気の大循環 ……………………… 290
| マンガ | 偏西風の中で特に強い風 ……………… 294
第 3 節 ● ジェット気流 ……………………… 296
| マンガ | 空気はなかなか混じり合わない!? ……… 300
第 4 節 ● 前線 ………………………………… 302
| マンガ | 偏西風は 3 つの波でできている ……… 308
第 5 節 ● 3 つの偏西風の波 ………………… 310
| マンガ | 大活躍の温帯低気圧 …………………… 316
第 6 節 ● 温帯低気圧 ………………………… 318

第 8 章　メソスケールの運動 …………… 325

| マンガ | 規則正しい上下運動 …………………… 326
第 1 節 ● ベナール型対流 …………………… 328
| マンガ | 積乱雲の命は短い ……………………… 332
第 2 節 ● 積乱雲（対流雲）の一生 ………… 334

目次

- **マンガ** 対流雲は同時に存在する？ ………… 336
- 第3節 ● メソ対流系 ………… 338
- **マンガ** 局地風にもいろいろな種類がある ………… 344
- 第4節 ● 局地風 ………… 346
- **マンガ** 台風ってどんな低気圧？ ………… 352
- 第5節 ● 台風 ………… 354
- **マンガ** 台風が発達するまで ………… 360
- 第6節 ● 台風（熱帯低気圧）の発達と衰弱 ………… 362

第9章　成層圏と中間圏の大規模な運動 ………… 367

- **マンガ** 北半球と南半球では季節は逆になる!? ………… 368
- 第1節 ● 成層圏・中間圏の気温と風 ………… 370
- **マンガ** 成層圏では1日に約40℃も気温が上昇する!? ………… 376
- 第2節 ● 準二年周期振動 ………… 378

第10章　気候の変動 ………… 381

- **マンガ** 自然的要因と人為的要因 ………… 382
- 第1節 ● 気候の変動の要因 ………… 384
- **マンガ** エルニーニョ現象とラニーニャ現象 ………… 388
- 第2節 ● エルニーニョ現象 ………… 390

おわりに ………… 395
さくいん ………… 396

- ●本文デザイン・DTP　中村文〔tt-office〕
- ●編集協力　　　　　　有限会社ヴュー企画（西澤直人、佐藤友美）
- ●編集担当　　　　　　山路和彦（ナツメ出版企画株式会社）

第 **1** 章

太陽系の中の地球

地球型と木星型、2つのタイプの惑星がある！

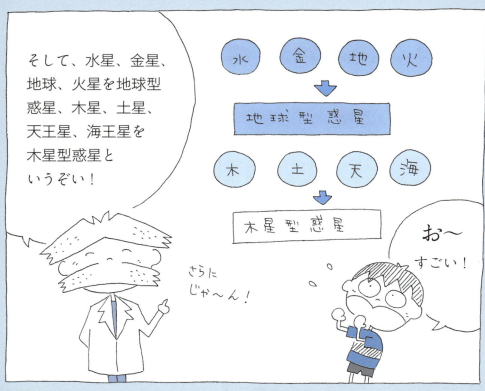

1-1 太陽系を2つに分ける

太陽系の惑星

　博士がいうように、**太陽系**には8個の**惑星**があります。下のイラストの、太陽を除いた水星、金星、地球、火星、木星、土星、天王星、海王星の8つがそれにあたります。

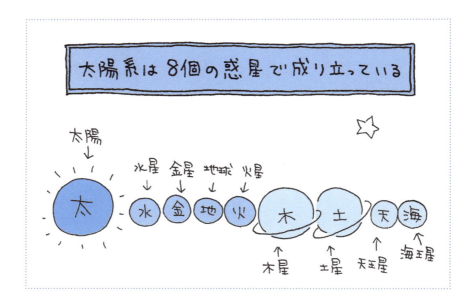

地球型惑星と木星型惑星の違い

　そのようなわけで、この第1章では、**地球型惑星**と**木星型惑星**の違いについてお話ししていきます。何を理由にこの2つを分けることができたのでしょうか？　それについては、次のページの表にまとめておきました。

地球型惑星と木星型惑星の比較

	地球型惑星	木星型惑星
惑星の大きさ	小さい	大きい
惑星を構成している物質	おもに岩石	おもにヘリウムなどのガス
密度	大きい	小さい
惑星全体の質量	小さい	大きい

　まず何が違うのかというと、惑星の大きさです。地球型惑星は比較的小さく、それに対して木星型惑星は比較的大きいのです。

　次に、惑星を構成している物質が違います。つまり惑星自体が何からできているのか、ということですが、地球型惑星はおもに岩石から、木星型惑星はおもにヘリウムなどのガスからできています。そのため、近い将来宇宙旅行が可能になったとしても、木星や土星に着陸することはできません。おもにガスからできているので、足場がないですからね。

　そして3つ目の違いは、密度の大きさです。地球型惑星は密度が大きく、木星型惑星は密度が小さいのです。

　では、密度が大きい状態、密度が小さい状態とは、それぞれどんな状態なのでしょうか？　博士に聞いてみましょう！

密度って物質量のこと？

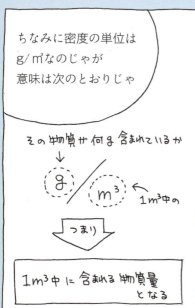
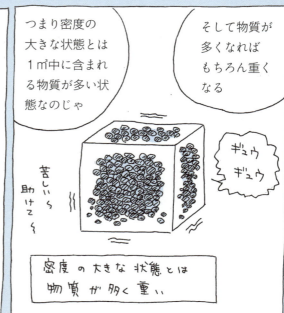
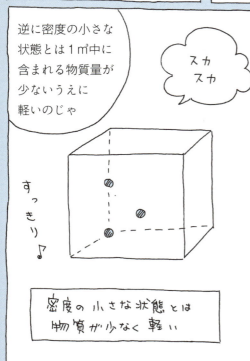

※気象学では水蒸気のように質量が非常に小さい物質を扱うこともあり、ここでは kg/m³ ではなく g/m³ の単位を使用しています。

1-2 密度

☁ 密度

みなさんいかがですか？ 博士がいうように、**密度というのは１㎥中に含まれる物質量**のことであり、簡単にいうと密度が大きい状態とは物質が多くて重い状態、密度が小さい状態とは物質が少なくて軽い状態を指します。

それを地球型惑星と木星型惑星にあてはめると、１㎥の箱の中にその惑星を構成している岩石を入れるか、それともガスを入れるかの違いです。もちろん岩石を入れた地球型惑星は重たくなりますし、箱の中もギュウギュウになるはず

です。だから密度が大きくなるのです。一方、ガスを入れた木星型惑星は岩石を入れた場合より軽くなりますし、スカスカになるはずです。だから密度が小さくなるのです。

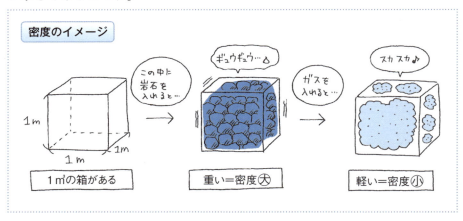

ただし、密度で比べると確かに地球型惑星のほうが重いのですが、惑星全体の質量で比べると木星型惑星のほうが重くなります。なぜかというと、密度とは1㎥の物質量だからです。1㎥で比べると確かに地球型惑星のほうが重いのですが、木星型惑星はその分、惑星全体が大きいのです。1㎥ではいくら軽いガスであ

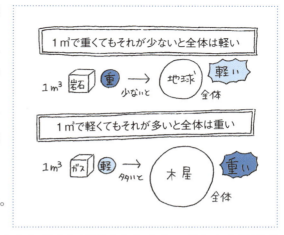

っても、それがものすごくたくさん集まれば重くなります。だから木星型惑星のほうが惑星全体の質量は大きくなるのです。

二酸化炭素が大気中に放出されたときの地上気圧

　次の節でも少しお話しをしますが、現在、大気中の二酸化炭素の約60倍が電気を帯びた原子、つまりイオンとして海に溶けて、石灰岩などの岩石をつくっています。ということは、この地球上の二酸化炭素のほとんどが実は海に溶けて、石灰岩などの岩石をつくっていることになるのです。

　仮に石灰岩や有機炭素化合物（簡単にいうと石油や石炭）に含まれている炭素がすべて二酸化炭素として大気中に放出され、それだけで大気を構成したとすると、そのときの地上気圧（単位面積：1㎡あたりの空気の重さ）は数十気圧になり、細かくは68気圧にもなるといわれています。

　ちなみに1気圧は約1013hPaであり、地上の気圧は約1000hPaになるため、地上の気圧はほぼ1気圧と考えていいでしょう。

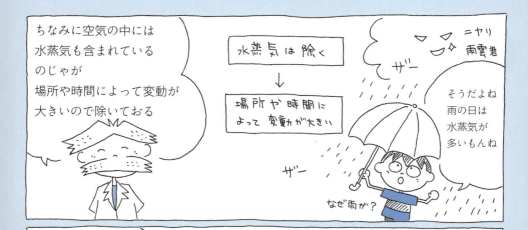

1-3 地球の大気を知る

原始地球と現在の地球の大気の違い

　誕生したころの地球のことを**原始地球**とよびますが、現在の地球と何が違うのでしょうか？　もちろん、姿かたちは違っていましたし、熱のかたまりといってもよいぐらい高温で、地球を覆う大気もまったく違っていました。原始地球は、太陽と同じく水素とヘリウムを主成分とする大気をまとっていたと考えられています。確かなことはよくわかっていませんが、この原始地球の大気は、太陽から吹き出す**太陽風**(電気を帯びた微粒子の流れ)によって吹き飛ばされたのです。

　現在の地球の大気は、その後の隕石の衝突や火山の噴火によって噴き出してきたガスから進化したものだといわれています。水蒸気が約88％、二酸化炭素が6％、窒素が2％、アルゴンが0.1％以下……と、酸素を除いた現在の地球大気の材料が、このときそろいました。このうち水蒸気は、地球が時間とともに冷えてきたことにより、雲となり、雨を降らせ、やがて海ができました。そして、水に溶けやすい二酸化炭素は海に溶け、石灰岩などの岩石ができていきます。

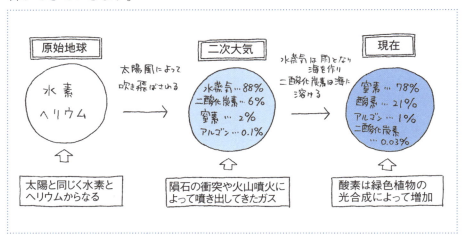

現在の地球は、ほかの惑星に比べて酸素が多いことが特徴です（右表参照）。なぜ多いのでしょうか。それは、**緑色植物の光合成**が原因です。このおかげで、現在の大気中の約20%を占める酸素ができあがったのです。

惑星ごとのおもな大気	
地球	窒素・酸素
金星	二酸化炭素
火星	二酸化炭素
木星	水素・ヘリウム

絶対温度

みなさんは、**絶対温度**（K：ケルビン）という言葉を聞いたことがありますか？ 温度のことだというのはなんとなくわかりますが、普段は聞きなれない言葉です。では、**摂氏**（℃）はどうでしょう？ これは普段からよく使う温度の単位です。

気象学では、この絶対温度について必ず知っておかなくてはならないので、ここでお話ししておきます。

まず、絶対温度とは何を基準にした温度かというと、

> **理論上，最も低い温度を 0 K（ゼロケルビン）とした温度**

であり、これを摂氏で表すと、

> **0 K ＝ －273℃**

となります。

そして、絶対温度と摂氏には次の関係があります。

> **絶対温度が上昇（下降）した分だけ，摂氏も上昇（下降）する**

つまり、絶対温度が10K上昇すれば、摂氏も同じように10℃上昇します。逆に摂氏が10℃上昇しても、絶対温度は同じように10K上昇します。同じ分ずつ変化するのですね。

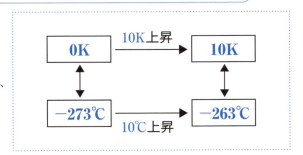

第3節 地球の大気を知る

第1章 ● 太陽系の中の地球

ポイント！

摂氏を絶対温度に直したいときは，
$$K = ℃ + 273$$
絶対温度を摂氏に直したいときは，
$$℃ = K - 273$$

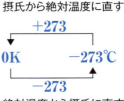

摂氏から絶対温度に直す
絶対温度から摂氏に直す

指数

指数も、気象学を学ぶうえで知っておかなければならないので、お話ししておきます。指数とはいったい何でしょうか？

10^3
読み方：
10の3乗

10の右上にのってる3乗を意味する小さな数字。この"3"が指数です。意味はこの場合、「**10を3回かけてください**」という意味です。つまり、
$$10^3 = 10 \times 10 \times 10 = 1000$$
となります。

※指数には、同じ数字を指数の数だけかけてくださいという意味があります。

では、こんな場合はどうでしょうか？

5×10^3

この場合は、「**5にさらに10を3回かけてください**」という意味があります。つまり、
$$5 \times 10^3 = 5 \times 10 \times 10 \times 10 = 5000$$
となります。

では、さらにこんな場合はどうでしょうか？

10^{-3}

今度はなんと、指数にマイナスがついています。「え～っ！ こんな場合どうするの!?」などとあせる必要はありません。実はこの場合、「**10で3回割ってください**」という意味になります。つまり、
$$10^{-3} = \frac{1}{10} \times \frac{1}{10} \times \frac{1}{10} = \frac{1}{1000}$$
となります。

※指数にマイナスがつくと、同じ数字を指数の数だけ割ってくださいという意味になります。

第 2 章
大気の鉛直構造

高度が高いほど気温が下がるのは間違い？

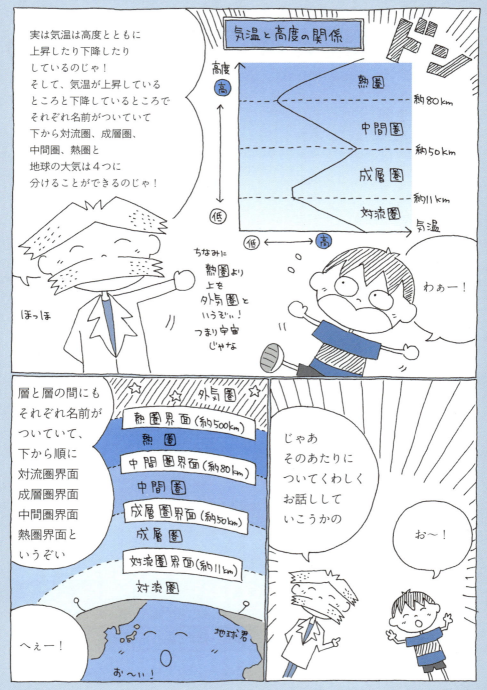

2-1 気温と高度の関係を知る

☁ 対流圏

　対流圏とは、地上から約11km上空までのことであり、私たちのくらしに直接影響を与える層です。例えば、日々の天気の変化が起こるのは、ほとんどこの対流圏内であり、雲ができる

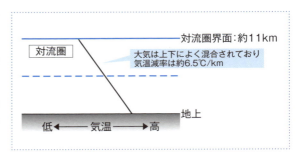

のも雨が降るのもここでの話です。この対流圏では、大気が上下によく混合されており、大きくみると気温は高度とともに減少しています。気温の減る割合のことを、気温減率といい、1km上昇するごとに約6.5℃です。

☁ 対流圏界面

　対流圏と成層圏の境目を**対流圏界面**あるいは単に**圏界面**といいます。この対流圏界面というのは平均すると約11kmの高さに位置しますが、季節や場所によって高さが大きく変化します。赤道と極を比べた場合、赤道で約16kmと高く、極では約8kmと低くなります。また夏と冬を比べた場合、夏のほうが全体的に高く、冬のほうが全体的に低くなります。赤道と夏に高く、極と冬に低くなるということから、暖かいと高くなり、冷たいと低くなる、つまり温度の影響があることがわかります。これは、空気には暖まると膨張し、冷える と収縮する性質があること

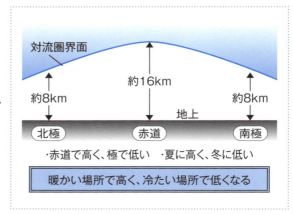

に起因します。暖かい赤道と夏では空気が膨張するので高くなり、逆に冷たい極と冬では空気が収縮するので低くなるのです。

🌥 成層圏

対流圏界面（約11km）から高度約50kmまでを**成層圏**といい、この層は、大きくみると高度とともに気温が上昇するという特徴があります。

第3章の第7節「大気の安定・不安定」のところで詳しくお話ししますが、気温が高度とともに上昇する大気は安定です。

熱気球が空を飛ぶように、周囲よりも暖かい空気はそれだけで密度が小さく軽いのです。逆に周囲よりも冷たい空気は密度が大きく重いことになります。暖かく軽い空気が上層にあり、冷たく重い空気が下層にあるような大気を安定といい、逆に冷たく重い空気が上層にあり、暖かく軽い空気が下層にあるような大気を不安定といいます。そして大気は不

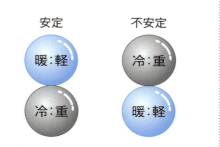

大気は不安定になると、上層の冷たい空気と下層の暖かい空気を上下（大気の上下運動）に入れ替えて安定な大気に戻す

安定になると、上層の冷たい空気と下層の暖かい空気を上下に入れ替えて安定な大気に戻すのです。上層の冷たい空気と下層の暖かい空気を入れ替えることを、**空気の上下運動**といいます。

つまり上空ほど気温が高くなる成層圏は安定であり、その層の中では空気は上下に運動しにくいのです。このような理由から空気は層を成して静かに

成層圏命名の理由

空気は層を成して静かに存在していると考えられ、成層圏と命名される

存在していると考えられ、成層圏と命名されたのです。

しかし実際には第9章の第2節「成層圏の突然昇温」のところでお話ししますが、成層圏でも大気の上下運動は起きることを知っていてください。

では、なぜ高度とともに気温が上昇するのでしょうか。それは、高度約25km付近には、**オゾン**（O_3）が多く存在している**オゾン層**があるからです。このオゾンの存在こそが、成層圏で気温を上昇させる理由なのです。

成層圏の気温上昇にはオゾンが関係している！

2-2 成層圏の気温上昇の理由

成層圏界面で気温が極大になる理由

　成層圏で気温が上昇する理由は、先ほど博士がお話ししたとおりなのですが、ここで1つ疑問が生まれます。成層圏で気温が上昇する理由がオゾンの発生と消滅にあるのならば、気温が最も上昇するのはオゾンが多く存在するオゾン層（約25km）付近になるはずです。しかし、気温が最も上昇するのは**成層圏界面**（約50km）付近です。では、それはなぜでしょうか。

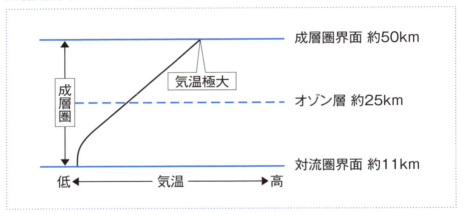

紫外線は弱まってオゾン層に到着する

　理由は2つあります。まず1つ目の理由が、太陽紫外線がオゾン層より上層にあるオゾンに吸収され、弱まりながらオゾン層に到達すること。オゾン層とは「オゾンの特に多い層」のことであり、決してこの場所だけにオゾンが存在するというわけではありません。それより上層にも下層にも、オゾンは存在することを、覚えておいてください。

　話を元に戻しますと、成層圏界面で100あった紫外線は、オゾン層に到達するころには吸収されて50まで弱くなるイメージです。

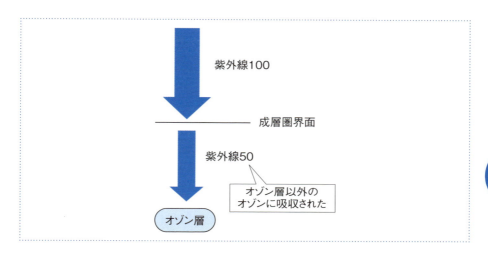

小さな密度の空気は小さな熱量で気温上昇する

2つ目の理由は、空気は、密度が小さいほど、小さな熱量で気温の上昇が起こること。

空気というのは、この地球上をくまなく覆っているわけですが、どこでも同じ量ずつ存在するのではありません。山に登れば空気が薄くなるように、上空に行くほど空気の量は少なくなります。それを密度という言葉で表せば、上空ほど密度が小さい状態です。

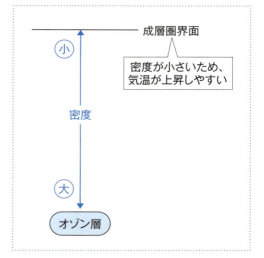

つまり、オゾン層と成層圏界面を比べた場合、成層圏界面のほうが高い位置にあるので、空気の密度が小さくなり、その付近のオゾンが紫外線を吸収することによって、気温が大きく上昇するのです。

この2つの理由から、成層圏の気温の極大は、オゾンが特に多いオゾン層付近ではなく成層圏界面付近になるのです。

☁ 中間圏

　成層圏界面（約50km）から高度約80kmまでを**中間圏**といいます。この層では、大きくみると気温が高度とともに減少するという特徴があります。

　そして、対流圏からこの中間圏まで、つまり高度でいうと地上から約80kmの範囲までは乾燥空気の成分比はほぼ一定であり、その層を**均質圏**といいます。また、それより上空では乾燥空気の成分比は変化して、軽い気体が大部分を占めるようになります。その層を**非均質圏**といいます。

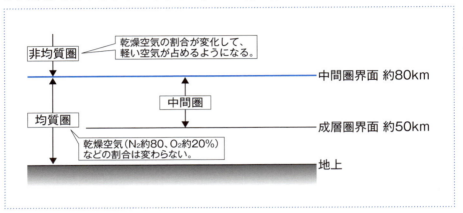

☁ 熱圏

　中間圏界面（約80km）から高度約500kmまでを**熱圏**といいます。この熱圏では、気温が高度とともに上昇するという特徴があります。では、なぜ高度とともに気温が上昇するのでしょうか。それは、高度約100km以上には窒素や酸素が**電離**している状態で存在する層があるからです。この層を**電離層**といいます。実はこの電離こそが熱圏での気温上昇の理由なのです。では電離とはいったい何でしょうか。

　原子というのは、正の電気を帯びた**陽子**と電気をもたない**中性子**からなる**原子核**と、原子核のまわりを運動する負の電気を帯びた**電子**からなります。ここに紫外線が当たると、電子が原子核から離れます。これを電離といい、このときに紫外線を吸収するので気温が上昇するのです。そして電子を失った原子は負の電気を失ったことになり、正の電気を帯びます。これを**イオン**といいます。このようなことから、熱圏を**電離圏**ともよびます。

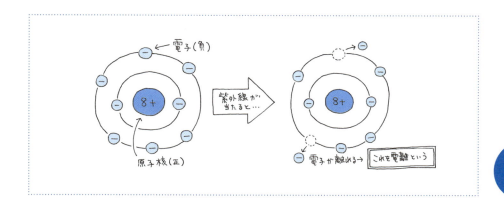

☁ オゾン(O_3)

　オゾンというのは太陽紫外線の作用によって発生するものですから、日射量が多い赤道付近の成層圏内（約25km）で多く生成されます。上記の理由からいかにも赤道付近で多くなりそうなのに、オゾンの分布を緯度別にみると、実際は極に近い高緯度で最大になります。しかも日射量の多い夏ではなくて北半球では3月、南半球では10月で、季節としては春になります※。

　成層圏下部には低緯度から高緯度に向かう風の流れ（**ブリューワー・ドブソン循環**）があり、これが赤道付近で生成されたオゾンを冬の高緯度へ運ぶのです。それが冬の間中ずっと続くことでオゾンが蓄積され、最終的に高緯度の春に最大となるのです。

※北半球と南半球で季節は逆になります

第2章 ● 大気の鉛直構造

3つの太陽光線

ひと言で太陽光線といっても、実は3つの光線が混ざってできています。その3つとは、紫外線（UV）、可視光線（VIS）、赤外線（IR）のことです。ではこの3つの光線は何が違うのでしょうか。それは波長です。

太陽光線というのは電磁波の一種で、波打ちしているということが特徴です。この波の山から山、または谷から谷までの長さを波長とよび、この波長の長さによって3つに分けられます。紫外線は波長が短く、逆に赤外線は長いのです。そして可視光線は、紫外線と赤外線の間の波長の長さとなり、$0.38 \sim 0.77 \mu m (1\mu m = \frac{1}{1000} mm)$ となります。なお、太陽光線において、この3つの中では可視光線のエネルギーが最も大きくなります。

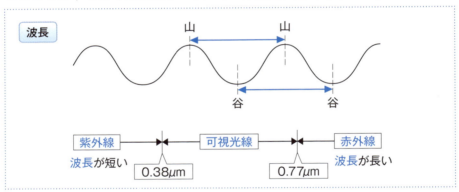

第 **3** 章

大気の熱力学

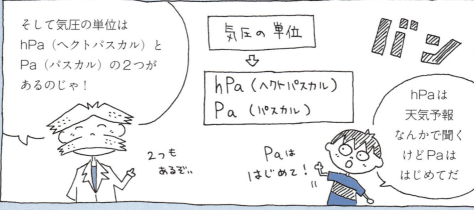

3-1 気圧

空気の重さとからだの圧力

　気圧というのは、簡単にいうと空気の重さのことです。私たちは普段、空気の重さなんて感じていないので「空気に重さなんてあるの？」と思った人もいるかも知れませんが、空気にも重さはあるのです。では、どれくらいの重さなのでしょうか？

　地上で気圧を測ると約1000hPaに相当します。1hPaは約10kgなので1000hPaは、なんと約10000kgになります。いいかえると約10t(トン)です。

　では、なぜ10tもの空気を背負っておきながら、私たちは重さを感じずにいられるのでしょうか？

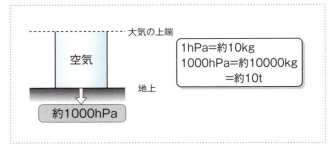

　それは、私たちのからだの中にも圧力があって、その圧力がちょうど気圧と等しいからです。つまり、気圧と同じ力で私たちのからだも押し返してくれているので、重さを感じずに済んでいるのです。

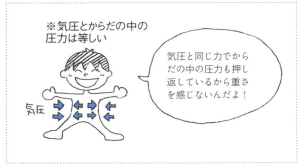

　気圧というのは空気の重さのことなので、上空にいくと上昇した分だけ空気の量は少なくなり軽くなります。つまり、気圧は必ず小さくなるのです。約5500mの高さまで上昇すると、地上の気圧の約半分(500hPa)まで小さくなります。山に登ると空気が薄く感じるのはこのためです。

気圧の減少する割合

　先ほども説明しましたが、約5500mの高さまで上昇すると、気圧は地上の気圧の約半分（500hPa）まで小さくなります。この気圧は一定の高度間隔でほぼ一定の比で減少しています。一般的によくいわれるのは、高度が約5km上昇するごとに気圧は半分になります。つまり高度約5kmで500hPa、約10kmで250hPa、約15kmまで上昇すると125hPaになるのです。

　また、違う視点からお話しをすると高度が約16km上昇するごとに気圧は1/10になるともいわれています。つまり地上の気圧が1000hPaであった場合、高度約16kmでは100hPaになり、高度約32kmでは10hPa、高度約48kmでは

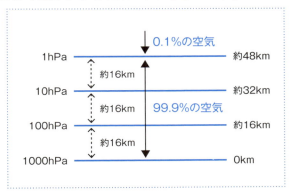

1hPaといったように高度が約16km上昇するごとに気圧は1/10になっていきます。

　気圧とは空気の重さのことでしたから、高度約48kmになると、地上の気圧1000hPaの0.1％（つまり1hPa）にまで減少します。つまり高度約48kmの高さより上には0.1％の空気しかなく、それより下には99.9％に相当する空気が存在していることになるのです。

高気圧・低気圧

　高気圧、**低気圧**という言葉は天気予報でよく聞きます。高気圧とは周囲より気圧の高いところ、低気圧とは周囲より気圧の低いところという意味があります。何hPa以上が高気圧で、何hPa以下が低気圧ではなくて、あくまでも周囲に対して気圧が高いか低いかで高気圧にも低気圧にもなるということを知っておきましょう。

状態方程式は気象学の基本!

3-2 理想気体の状態方程式

気圧を方程式で表す

　数式と聞いただけで、どこか拒絶反応を示してしまう人もいるかも知れませんが、数式とは計算することがすべてではなく、その式が何を意味しているのかを理解するほうがむしろ大切なのです。

　例えば**状態方程式**の場合、気圧とは密度と気体定数と絶対温度をかけたものなので、気圧の値が大きくなるためには、密度か絶対温度、またはその両方が大きくなれば、気圧が上昇することをこの式は意味しています。

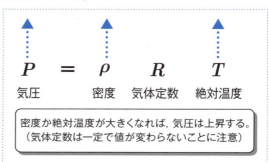

☁ シャルルの法則

　このとき、気圧を一定とした場合は、**密度と絶対温度は反比例の関係**にあります。これを発見者の名前から**シャルルの法則**といいます。

　それをこの状態方程式で確認すると、気圧が一定なのでPの部分が一定です。そして、気体定数のRももともと一定なので、このとき数字が変わるのは、密度のρと絶対温度のTとなります。

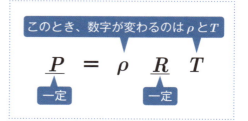

　では、仮に気圧が2870Paで気体定数が287m^2/s^2・Kで一定だったとしましょう。ここで、密度が10kg/m^{3}だったとしたら、絶対温度は1Kじゃないと、この場合の状態方程式はなりたちません。逆に、密度が1kg/m^{3}まで小さくなると、絶対温度は10Kまで高くならないと状態方程式はなりたちま

せん。つまり、密度が大きくなると絶対温度は低くなり、逆に密度が小さくなると絶対温度は高くなります。これを反比例(逆比例)の関係といいます。

つまり、気圧を一定とした場合、暖かい空気は密度が小さいため軽く、冷たい空気は密度が大きいため重いことを意味しているのです。

| 暖かい空気 → 密度小(軽い) |
| 冷たい空気 → 密度大(重い) |

暖められて周囲より空気が軽くなっているから気球って空を飛ぶことができるんだ!

☁ ボイルの法則

また、絶対温度を一定とした場合、**気圧と密度が比例の関係**にあります。これを発見者の名前から**ボイルの法則**といいます。

これも状態方程式で確認すると、今度は絶対温度が一定なので、Tの部分が一定です。そして気体定数Rも一定なので、この場合数字が変わるのは、気圧のPと密度のρです。

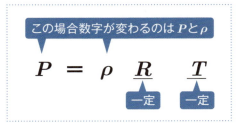

では、仮に絶対温度を1Kとして、気体定数が287m^2/s^2・Kで一定だったとしましょう。ここで、密度が10kg/m^{3}だったとしたら、気圧が2870Paにならないと、この場合の状態方程式はなりたちません。また、密度が20kg/m^{3}まで大きくなると、気圧は5740Paにならないと状態方程式はなりたちません。つまり、密度が大きくなると気圧も同じように大きくなり、また密度が小さくなると気圧も同じように小さく

第3章 ● 大気の熱力学   45

なります。これを比例の関係といいます。

　つまり、絶対温度を一定とした場合、密度が小さく軽い空気は気圧が小さく、密度が大きく重い空気は気圧が大きいことを、このボイルの法則は意味しているのです。

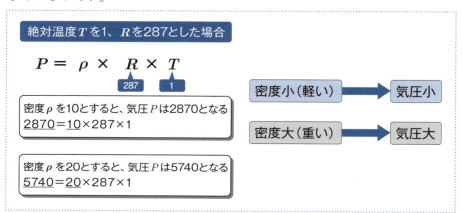

　この理想気体の状態方程式を、**ボイル＝シャルルの法則**という場合もあります。

比例・反比例

　この気象学では、**比例・反比例**という表現がよく出てきます。ここで確認しておきましょう。

　まず、比例は、一方が大きくなればもう一方も大きくなるというように、同じような反応を示します。これが**比例の関係**です。

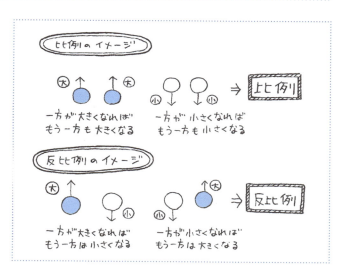

また、一方が大きくなればもう一方は小さくなるというように、反対の反応を示すのが**反比例(逆比例)の関係**です。
　では、2乗に比例するとはどんな状態でしょうか。もし、一方が2倍大きくなればもう一方はその2倍をさらに2乗した分だけ、つまり4倍大きくなるのが2乗に比例するということです。なので、一方がもし3倍大きくなればもう一方はその3倍を2乗した9倍大きくなるのです。

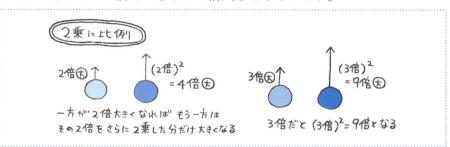

　では、2乗に反比例するとはどんな状態でしょうか。もし、一方が2倍大きくなればもう一方はその2倍をさらに2乗した分だけ小さくなります。つまり$\frac{1}{4}$倍になります。これが2乗に反比例するということです。

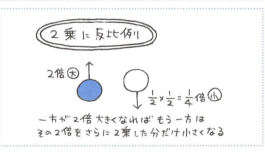

(※ここでは比例・反比例の関係をイメージで書いています。さらにくわしい説明は専門書をご覧ください。)

分圧・全圧

　窒素は空気の中の約80%、酸素は約20%をそれぞれ占めています。地上で気圧を測ると約1000hPaですが、この内の約800hPa(約80%)は窒素の圧力で、約200hPa(約20%)は酸素の圧力となります。このように、気圧を一つひとつの気体の圧力に分けたものを**分圧**といい、すべて足したものを**全圧**といいます。

地球の大気は動かない!?

重力加速度（g）
9.8m/s²

注意点

気象予報士試験では10m/s²と約して与えられる場合もあるので、その場合は与えられた数字を使おう！

この中の重力加速度（g）は定数で9.8m/s²と決まっているぞい！

あとこれも計算するときには単位に気をつけよう！

注意!!

気圧差　hPa → Pa
密度　　g/m³ → kg/m³
高度差　km → m

例：1km → 1000m

とくに指定のない限り
気圧差（ΔP）はPaに
密度（ρ）はkg/m³に
高度差（ΔZ）はmに
直して計算しよう

ちなみに静水圧平衡の状態とは水槽に入った水は何か力を加えないと動かないのと同じように、地球の大気も何か力を加えないと動かない状態のことをいうのじゃ！

ズーン

大気

地球

何も力を加えない限りは大気は動かない
↓
静水圧平衡

へぇー　そうなんだ！

ではそのあたりについてくわしくお話ししていこうかの

オス！

3-3 静水圧平衡（静力学平衡）

力を加えない限り地球の空気は動かない

　静水圧平衡（**静力学平衡**）な状態とは、何も力を加えない限り地球の大気は動かない状態のことをいいますが、もう少しくわしくいうと、鉛直方向の気圧傾度力（鉛直とは縦方向の意味、ちなみに水平とは横方向の意味）と下向きにはたらく重力加速度が等しい状態のことをいいます。

　重力加速度とは地球が引っ張る力のことで、重力みたいなものだと思ってください。正式には重力加速度に質量をかけたものが重力で、記号で表すとmgです（m＝質量、g＝重力加速度）。

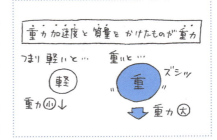

　では、**気圧傾度力**とはどんな力なのでしょうか。気圧傾度力とは、気圧に差がある場合にはたらく力のことです。例えば高気圧と低気圧があり、その間に限られた範囲の空気、つまり空気塊があったとします（下図参照）。では、この間にある空気塊はどちらの方向に動くでしょうか。

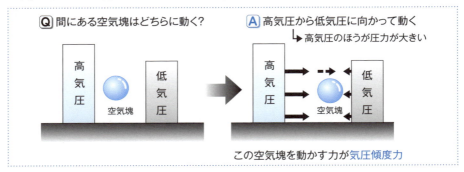

　答えは高気圧から低気圧の方向に動きます。それはなぜかというと、空気の圧力というのは下方向だけではなく、同じ力で横方向にもはたらくからです。つまり、高気圧のほうが圧力が大きく押す力が強いので、間にある空気

塊は高気圧から低気圧の方向に動くのです。そして、この空気塊を動かす力が**気圧傾度力**です。

空気が水平方向に動くことを**風**（または**移流**）とよびます。なので風というのは必ず押す力の強い高気圧から低気圧の方向に吹くことになります。また、空気が鉛直方向に動くことを**上昇流・下降流**、またはひと言で**対流**といいます。

気圧というのは上空にいくほど小さくなるので、地上と上空を比べた場合、地上のほうが気圧が高く、上空のほうが気圧が小さくなります。つまり、ここでも気圧に差があるため気圧傾度力がはたらきます。これを**鉛直方向の気圧傾度力**といいます。ちなみに先ほどお話しした気圧傾度力は、水平方向の気圧傾度力となります。

静水圧平衡の状態

では、先ほどと同じように地上と上空の間に空気塊があるとします（下図参照）。このとき、この空気塊はどちらの方向に動くでしょうか。

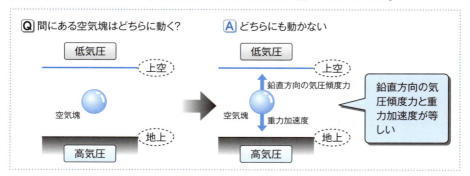

地上のほうが気圧が大きく押す力が強いので、この空気塊は地上から上空に向けて動く……といいたいところなのですが、実はどちらにも動きません。なぜかというと、地上から上空に向けてはたらく気圧傾度力と同じ大きさで逆方向に重力加速度がはたらくからです。つまりこの場合、上と下に同じ力で引っ張り合うことになるので、真ん中にある空気塊は動かないというわけです。綱引きで例えるなら同じ力で引っ張り合っているようなものです。そしてこの状態のことを**静水圧平衡の状態**といいます。

鉛直方向の気圧傾度力と重力加速度が釣り合っているので、間にある空気塊は動きません。つまり、地球の大気はこのほかに何か力が加わらない限り

動かない状態にあるということです。

また、鉛直方向の気圧傾度力を記号で表すと$-\frac{1}{\rho}\cdot\frac{\Delta P}{\Delta Z}$です（$\rho$＝密度、$\Delta P$＝気圧差、$\Delta Z$＝高度差）。そして、重力加速度は$g$です。静水圧平衡とはこの２つの力が等しいわけですから＝（イコール）で結べます。そして、その式を$\Delta P=$の式に直すと、$\Delta P=-\rho g\Delta Z$という静水圧平衡の式に直せるのです。

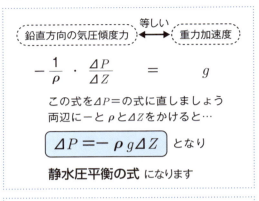

次に静水圧平衡の式には−（マイナス）がついています。この意味について考えてみましょう。例えば、密度ρが1.0kg/m³、重力加速度gが10m/s²で一定だったとします。すると、このとき数字が変わるのはΔPの気圧差とΔZの高度差です。では、もしΔZの高度差が10mだったとするとどうでしょうか。このとき、

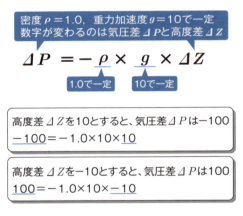

ΔPの気圧差は−100Paになります。これは、高度が10m高くなると気圧は100Pa低くなるという意味です。逆に、高度差が−10mだったとしたら気圧差は＋100Paになります。これは、高度が10m低くなると気圧は100Pa高くなるという意味です。同じ高度差10mでも、高度が高くなると気圧は低くなり、高度が低くなると気圧は高くなります。静水圧平衡の式にマイナスをつけることによって、このように高度と気圧の帳尻を合わせているのです。

密度と高度差の関係

　また、気圧差を一定とした場合、**密度と高度差は反比例の関係**にあります。気圧差が一定なので、ΔPが一定です。また、gの重力加速度も一定です。なので、このとき数字が変わるのはρの密度とΔZの高度差です。では、もし気圧差ΔPが-100Paで重力加速度gが10m/s^2で一定だったとするとどうでしょうか。このとき、密度が10kg/m^3なら高度差は1mにならないとこの式はなりたちません。また、密度が1kg/m^3なら高度差は10mにならないといけません。つまり、密度が大きくなると高度差は小さくなり、逆に密度が小さくなると高度差は大きくなります。これは反比例の関係です。

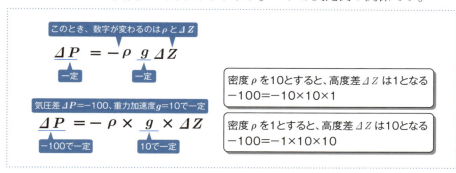

　また、「暖かい空気は密度が小さい、冷たい空気は密度が大きい」という状態方程式のシャルルの法則を、密度が大きくなると高度差は小さくなり、密度が小さくなると高度差が大きいという定理に組み合わせることによって、**暖かい空気は密度が小さく高度差が大きい、冷たい空気は密度が大きく高度差が小さい**という関係が導きだせます。この関係はものすごく大切です。

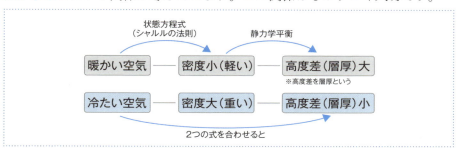

水の変化にはいろいろな名前がついている!

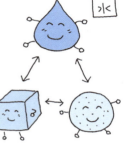

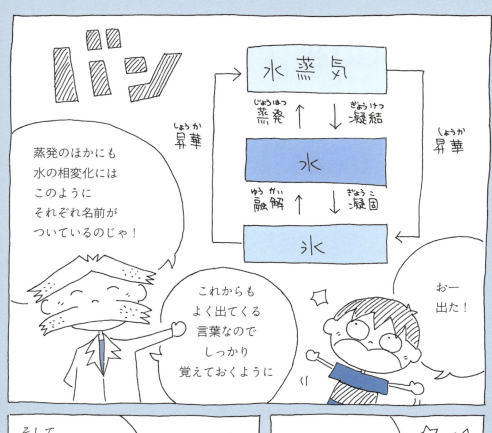

3-4 水の相変化（状態変化）

水の相変化に伴う潜熱

　水の相変化には必ず熱のやりとりを伴います。もう少しくわしくお話しすると、氷から水（融解）、水から水蒸気（蒸発）、氷から水蒸気（昇華）に変化するときにはそれぞれ熱を吸収します。逆に、水蒸気から水（凝結）、水から氷（凝固）、水蒸気から氷（昇華）に変化するときにはそれぞれ周囲の空気に向かって熱を放出します（右図参照）。このように、水が相変化をするときに発生する熱のことを潜熱といいます。

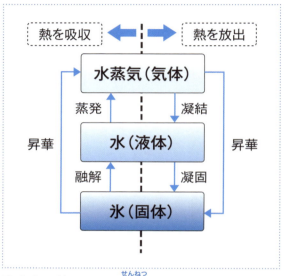

水は熱をどこから吸収してどこに放出するのか

　水が姿を変えると熱を吸収したり放出したりするといいましたが、では、その熱はどこから吸収してどこに放出するのでしょうか？　蒸発と凝結を例にあげてお話ししましょう。

　蒸発のとき熱を吸収するといいましたが、その熱は周囲の空気から吸収します。つまり、その分、周囲の空気は熱を失うことになるので気温が低下するのです。

　打ち水といって夏の暑い日に水をまくのは、水が蒸発するときに熱を吸収し周囲の空気を冷やす効果があるからです。ここでは蒸発の例をあげました

が、そのほかにも氷から水への変化の融解、氷から水蒸気への変化の昇華にも周囲の空気から熱を吸収して周囲の空気の気温を低下させるということがいえます。

また、凝結するとき熱を放出するといいましたが、その熱はどこに放出するのでしょうか。それは、周囲の空気に向けてです。つまり、周囲の空気は熱を受け取ることになり、その分気温が上昇します。

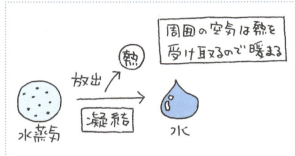

ここでは凝結の例をあげましたが、そのほかにも水から氷への変化の凝固、水蒸気から氷への変化の昇華にも周囲の空気に熱を放出して周囲の空気の温度を上昇させるということがいえます。

直接的な熱のやりとりを指す顕熱

また、このように水の相変化に伴う熱を潜熱といいましたが、それとは逆に直接的な熱のやりとりを顕熱といいます。例えば、鍋を温めるときに火をかけますが、火から鍋に伝わる熱がこれに当たります。つまり、その物体を直接、火などで温めたりする場合に発生する熱のやりとりのことを顕熱というのです。

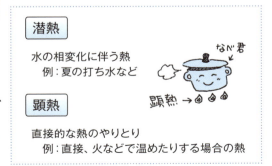

気球が膨らむのは空気を暖めているから！ でも……

3-5 断熱変化

周囲との熱のやりとりのない体積変化

　周囲との熱のやりとりのない体積変化とは、どのようなときに起こるのでしょうか？　空気というのは上昇したり下降したりと、高さを変えることにより体積が変化します。これが周囲との熱のやりとりのない体積変化のことで**断熱変化**といいます。

　もう少しくわしくいうと、空気は上昇すると体積が大きくなります。これを**断熱膨張**といいます。

　では、なぜ空気は上昇すると膨張するのでしょうか？その答えは、気圧が低くなるからです。つまり、上昇すると気圧が低くなるので、その分だけ大きく膨張します。山に登るとスナック菓子の袋がはじけるくらい膨れる現象はこの理由からです。

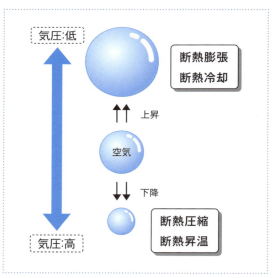

　また、空気が上昇すると変化するのは体積だけではなく、気温も下降します。これを**断熱冷却**といいます。ここで注意しないといけないのが、これは断熱変化なのでまわりの空気によって冷やされて気温が下がるわけではないということです。では、なぜ気温が下がるかというと、膨張に使うエネルギーを自ら消費するからです。つまり、空気は上昇すると膨張します。そして、その膨張することに使ったエネルギーの分だけ気温が下がるのです。

　以上のように、空気が上昇すると体積が大きくなるということは、逆に、空気が下降すると体積が小さくなるということです。これを**断熱圧縮**といい

ます。理由は、空気が上昇した場合とまったく逆になります。つまり、下降すると気圧が高くなるので、その分だけ空気は圧縮されるというわけです。そして、空気の下降に伴い気温は上昇します。それを**断熱昇温**といいます。これも断熱変化なので、まわりの空気に暖められて気温が上昇するわ

けではなく、下降すると空気は圧縮され、その分だけエネルギーが余るので、気温が上昇するのです。

🌥 乾燥断熱変化

空気が上昇したり下降したりすることによって気温が変化しますが、その割合というのはほぼ決まっています。それには2種類あり、雲をつくる場合と雲をつくらない場合で変わります。そのうち空気が雲をつくらずに上昇したり下降したりすることを**乾燥断熱変化**（Γd）といい、そのときの気温の変化する割合は100m上昇すれば1℃気温

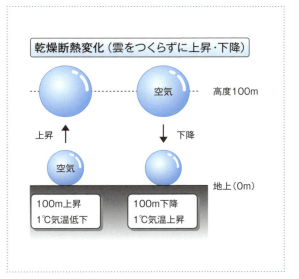

が低くなり、100m下降すれば1℃気温が高くなるのです。また、この乾燥断熱変化を乾燥断熱減率ということもあります。

☁️ 湿潤断熱変化

また、雲をつくりながら空気が上昇したり雲とともに下降したりすることを湿潤断熱変化（Γm）といい、そのときの気温の変化する割合は、100mにつき0.5℃です。つまり100m上昇すれば0.5℃気温が低くなり、100m下降すれば0.5℃気温が高くなります※。また、この湿潤断熱変化を湿潤断熱減率ということがあります。

では、なぜ雲をつくる湿潤断熱変化か、つくらない乾燥断熱変化かで気温の変化する割合に差ができるのでしょうか？

それは、雲は、小さな水、または氷の粒からできており、そして、空気中の水蒸気が冷やされることによって、小さな水の粒に変わったものが雲だからなのです。

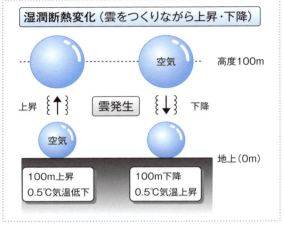

※実際は気温の変化する割合に幅があります。

潜熱を放出しながら変化する

つまり、雲をつくりながら上昇するということは、空気中の水蒸気が冷えて水に姿を変えているということです。そして、ここで思い出さなければいけないのが潜熱であり、水蒸気から水に姿を変える、つまり凝結するということは潜熱を放出しているということになるのです。つまり、雲をつくりながら上昇するということは、水蒸気が水に姿を変えている状態であり、その際の潜熱の放出によって暖められながら上昇することになります。そのため、気温の低下する割合が雲をつくらない場合に比べて小さくなるのです。

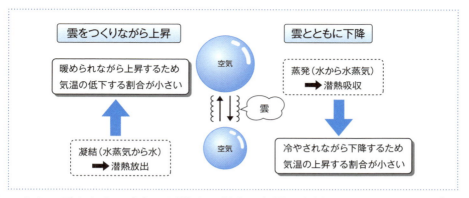

　また、雲とともに空気が下降する場合、気温が上昇することによって雲の中で水から水蒸気への変化、つまり蒸発が起こります。この場合には逆に潜熱を吸収するため、空気は冷やされながら下降することになり、気温の上昇する割合が雲をつくらない場合に比べて小さいのです。

　以上より、雲をつくらない場合には、100mにつき1℃気温が変化し、雲をつくる場合は100mにつき0.5℃気温が変化します。この両者の0.5℃の差が、実は潜熱によって暖められるか冷やされるかの差なのです。

　また、湿潤断熱変化における気温の変化する割合は、高度100mにつき0.5℃変化するわけですが、実際は幅があります。それは、雲をつくるときの潜熱の放出量の差によるものです。その量は気温によって左右され、気温が高い場合ほど大きくなります。つまり、気温が高い場合ほどより多くの潜熱が放出されるため、空気はより暖められながら上昇するので、気温の変化する割合が小さくなります。逆に、気温が低いと潜熱の放出量が少なくなり、それほど空気は暖められずに上昇するので、気温の変化する割合は大きくなるのです。

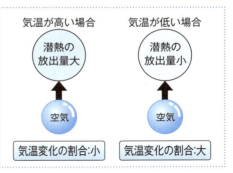

☁️ フェーン現象

　山の風下側で空気が高温になり乾燥する現象のことを**フェーン現象**といいます。先ほどお話しした乾燥断熱変化と湿潤断熱変化の２つの考え方を使うことによって、このフェーン現象を説明することができます。

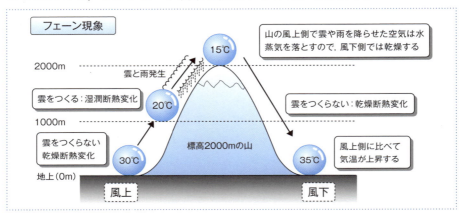

　標高2000mの山（上図参照）があり、この山を気温30℃の空気が図でいうと左側斜面（風上）を上昇し、右側斜面（風下）を下降していきます。ただし、空気が上昇する斜面の地上（０m）から1000mまでは雲をつくらず、1000mから2000mまでは雲をつくり、雨も降らせました。

　このことは、次のようなことを表しています。地上から1000mの高さまでは雲をつくらないので、空気は**乾燥断熱変化**をすることになります。つまり、乾燥断熱変化は100mにつき１℃の割合で気温が変化するので、地上から1000mまで空気が上昇すると10℃気温が低下することになります。よって、地上で30℃の空気であれば、1000mの高さまで上昇するとその空気は20℃になります。

　また、1000mから2000mまでは雲をつくるので、今度は**湿潤断熱変化**をすることになります。湿潤断熱変化では100mにつき0.5℃の割合で気温が変化するので、1000mから2000mまで空気が上昇すると５℃気温が低下することになります。よって、1000mの高さで20℃の空気であれば、山の頂上2000mまで上昇するとその空気は15℃になります。

　そして、山を下る場合は雲をつくらないので、**乾燥断熱変化**をすることになります。つまり、2000mから地上まで下降するので、気温は20℃上昇す

ることになります。よって、山の頂上で15℃の空気が風下側を下降すると、地上では35℃まで上昇することになります。

つまり、風上側の地上ではこの空気はもともと30℃だったのに対し、風が吹き降りる風下側では35℃まで気温が上昇したことになります。

また、風上側で雲をつくり雨を降らせていますが、雲というのは空気中の水蒸気が冷えて発生したものです。そして、雨とはその雲の粒が大きく成長して落下してきたものです。つまり、雲や雨とは、もとをただせば空気中の水蒸気が姿を変

えたものといえます。そして、雨を降らせるということは、言い換えれば空気中の水蒸気を落とすということなのです。

以上より、山の風上側で雲をつくり雨を降らせた空気は、水蒸気を落とし失うことになるので、反対側の風下側では空気は乾燥するのです。

このように、山の風上側と比べて風下側で気温が上昇し、また乾燥する現象を**フェーン現象**といいます。

☁ フェーン現象の発生しやすい地域

そして、このフェーン現象は日本海を低気圧（台風）が通過する際に日本海側の地域でよく発生（右図参照）します。特に季節が春先だと、まだ山では雪が残っていますから雪崩などに注意が必要で、火災や山を吹き降りる強風にも気をつけなければなりません。

第3章 ● 大気の熱力学

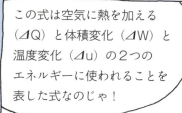

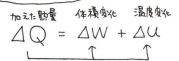

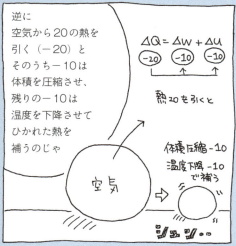

3-6 熱力学の第一法則

熱力学の第一法則で断熱変化を考える

　この**熱力学の第一法則**の式を使うことによって、断熱変化の考えも説明できます。まず、断熱変化というのは周囲との熱のやりとりがないわけですから、ΔQ（加えた熱量）の部分が0になります。これがこの式で断熱変化を考えるときの一番のポイントとなります。

　空気は、上昇すると膨張する性質をもっています。つまり、ΔW（体積変化）の部分が大きくなるのです。仮にそれを数字で表すと10という数字分だけ体積が膨張したとしましょう。また断熱変化なので、加えた熱量は0です。つまり、その膨張に使ったエネルギーをどこで消費したかを考えなければなりません。それはΔu（温度変化）の部分です。つまり、膨張に使った10というエネルギー分だけつまり、この場合−10、温度を低下させるのです。

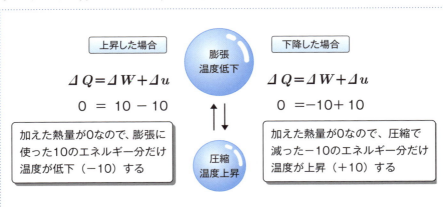

　次に、空気が下降する場合を考えてみましょう。空気は、下降すると圧縮する性質をもっています。つまり、ΔWの部分が小さくなるのです。仮にそれを数字で表すと−10という数字だけ体積が圧縮したとしましょう。これも断熱変化なので、加えた熱量が0です。つまり、その圧縮で小さくなった−10というエネルギー分だけΔuの部分が大きくなり、この場合、＋10、

温度が上昇するのです。

そして、この熱力学の第一法則で$\mathit{\Delta}Q$の部分が0になる場合を**断熱変化**といい、0にならない場合を**非断熱変化**というのです。

$\mathit{\Delta}Q=0$：断熱変化
$\mathit{\Delta}Q\neq0$：非断熱変化

☁ 比熱

比熱とは、物質1kgを1℃上昇させるのに必要なエネルギー量を表したものです。例えば、陸と海とでは比熱が違います。陸は小さく、海は大きいのです。つまり、陸と海が1kgずつあった場合に、それぞれを1℃上昇させるのに必要なエネルギー量は、陸のほうが小さく、海のほうが大きいということです。これは、小さなエネルギー量で温度が上昇する陸は暖まりやすく、大きなエネルギー量が必要な海は暖まりにくいということを意味します。

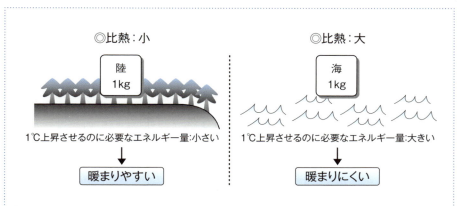

真夏の海水浴を想像してみてください。砂浜は素足で歩けないほど熱くなりますが、海は中に入れないほどには温まりはしません。もし、陸も海も同じエネルギー量で温度が上昇するのなら、陸と同じように海も入ることができないくらい温まっていないとおかしいのです。

また、陸には暖まりやすいだけではなく冷めやすいという性質もあり、海には温まりにくいだけではなく冷めにくいという性質があります。冬になると陸上よりも海の中のほうが暖かい場合があるのは、海が冷めにくいという理由からなのです。

定積比熱・定圧比熱

比熱には**定積比熱**と**定圧比熱**の2種類があります。定積比熱（C_v）とは、体積を一定とした場合に物質1 kgを1℃上昇させるのに必要なエネルギー量を表しています。ここで熱力学の第一法則を思い出してください。熱力学の第一法則とは、空気に熱を加える（ΔQ）と体積変化（ΔW）と温度変化（Δu）の2つのエネルギーに使われることを表した式です。つまり、この式に定積比熱を当てはめると、体積を一定、つまり変化なしとしているわけですから、加えた熱量はすべて温度上昇のみに使われるのです。

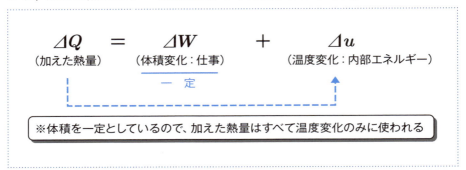

空気という物質が1 kgあったとします。この空気の体積を一定として熱を加えたとすると、この熱はすべて温度上昇のみに使われます。体積変化にエネルギーが使われない分、少ない熱量で1℃上昇させることができるのです。ちなみに、空気の定積比熱は717J/K・kgです。

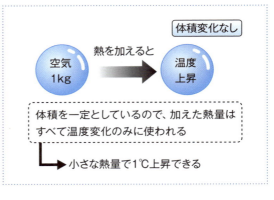

定圧比熱（C_p）とは、圧力を一定とした場合に物質1 kgを1℃上昇させるのに必要なエネルギー量を表しています。これも熱力学の第一法則に当てはめると、圧力が一定なので、この式では一定とする部分はないのです。つまり、加えた熱量は体積変化と温度変化の2つのエネルギーに使われるということになります。

$$\underset{\text{(加えた熱量)}}{\varDelta Q} = \underset{\text{(体積変化：仕事)}}{\varDelta W} + \underset{\text{(温度変化：内部エネルギー)}}{\varDelta u}$$

※圧力を一定としているので、加えた熱量は体積変化と温度変化の2つのエネルギーに使われる

空気1kgがあったとします。この空気の圧力を一定として熱を加えたとすると、この熱は体積変化と温度変化の2つのエネルギーに使われます。つまり、今度は体積変化にもエネルギーが使われるので、その分だけ余分に熱を加えないと1℃上昇させることができないのです。ちなみに、空気の定圧比熱は1004J/K・kgです。

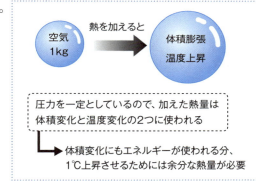

このように空気の定積比熱(717J/K・kg)と定圧比熱(1004J/K・kg)を比べると、定積比熱の数値自体は小さい、つまり空気1kgを1℃上昇させるのに必要なエネルギーが小さいのですが、同じ熱量を加えて空気を暖めた場合は定圧比熱よりも定積比熱の考え方で暖めたほうが、その空気自体の温度上昇量は大きくなります(右図参照)。

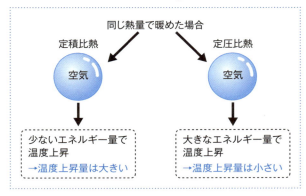

定積比熱や定圧比熱の数値自体の大きさ(定積比熱：小　定圧比熱：大)と、同じ熱量を加えたときの空気の温度上昇量の大きさ(定積比熱：大　定圧比熱：小)については異なりますので注意してください。

第3章　● 大気の熱力学

大気が不安定って、どんな状態？

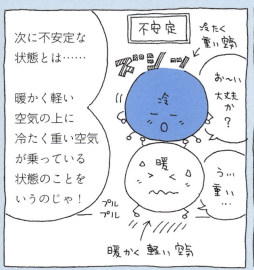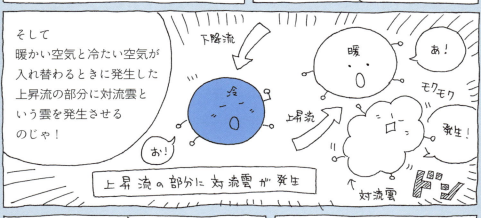

3-7 大気の安定・不安定

大気の安定・不安定とは

　大気が不安定な状態とは、暖かく軽い空気の上に冷たく重い空気がある状態のことをいいましたが、ここで1つ疑問が生まれます。それは、私たちの暮らしに直接影響のある対流圏（地上～高度約11km）では、山に登れば気温が低くなるように、上空ほど

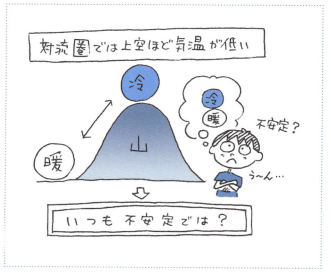

冷たい空気が存在するのが普通です。すると、いつも対流圏は不安定な状態になるのではないかと疑われるのです。

　しかし、その考えは間違いです。例えば、右の図にあるように2人の少年が、1人は近くにもう1人は遠くにいます。では、この状態で2人の身長を比べることができるでしょうか。一般的に考えて

そんな離れた状態で比べられるはずがありません。空気もそれと同じで、単純に上層と下層にある離れた状態では気温は比べられないのです。

では、どうすればよいのでしょうか。まず、空気の温度というのは、必ず同じ高さで比べないとなりません。そして、空気を同じ高さの温度に直すときには、乾燥断熱変化（Γd：空気が雲をつくらない場合：100mにつき1℃変化）と湿潤断熱変化（Γm：空気が雲をつくる場合：100mにつき0.5℃変化）の考え方が必要となります。これが大気の安定・不安定を比べるときのルールのようなものなのです。

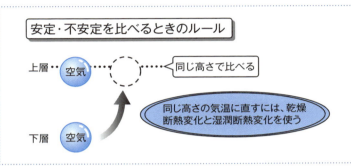

同じ高さで比べてみると……？

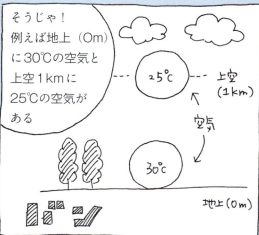
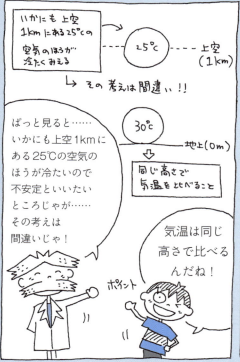
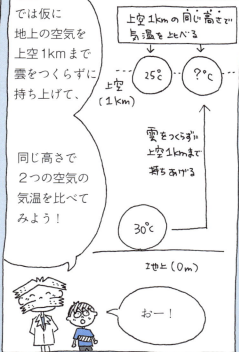

3-8 ３つの安定・不安定

☁ 絶対安定

　乾燥断熱変化と湿潤断熱変化の２つの考え方を使うことによって、大気というのは**絶対安定**・**条件付不安定**・**絶対不安定**の３つの状態に基本的に分けることができます。ここではその中の絶対安定についてお話ししていきます。

　例えば、右の図にあるように、地上（０m）に30℃と上空１kmに27℃の空気があったとします。いかにも上空にある空気のほうが27℃で冷たいので不安定な状態と思うのですが、同じ高さで比べないと本当の気温の差はわからないのです。では、地上の空気を上空１kmの同じ高さまで持ち上げて

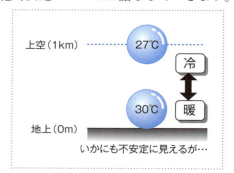

比べてみましょう。そして、そのときに雲をつくらない場合と雲をつくる場合の２通りのパターンを考えてみましょう。

　雲をつくらずに地上の空気が上昇した場合、乾燥断熱変化をすることになります。つまり、地上で30℃の空気は１km上昇すると10℃気温が低くな

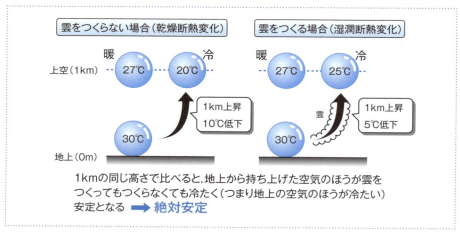

り20℃となります。また、地上の空気が雲をつくりながら上昇した場合、今度は湿潤断熱変化をすることになります。つまり、1km上昇すると5℃気温が低くなり25℃となります。

以上の結果より、雲をつくってもつくらなくても上空1kmの同じ高さで気温を比べると、地上から持ち上げてきた空気、つまり地上の空気のほうが冷たいので、どちらにしろ安定な状態なのです。このように、雲をつくってもつくらなくても安定な状態を**絶対安定**といいます。

☁ 条件付不安定

次に、条件付不安定な成層状態についてお話ししていきます。

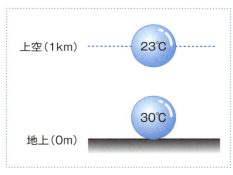

右の図のように、今度は地上（0m）に30℃と上空1kmに23℃の空気があるとします。もちろんこのままでは気温は比べられないので、地上の空気を雲をつくらない場合と雲をつくる場合の2通りの考え方で、上空1kmまで上昇させて同じ高さで比べてみましょう。

まず、雲をつくらずに地上の空気が上昇すると、乾燥断熱変化するので1kmで10℃気温が低くなり、20℃となります。

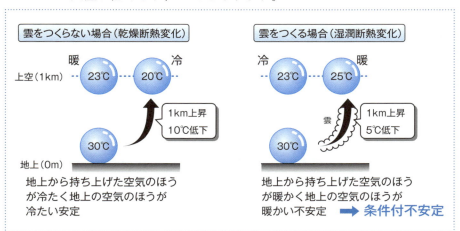

第3章 ● 大気の熱力学

次に、雲をつくりながら地上の空気が上昇すると、今度は湿潤断熱変化することになります。つまり、1km上昇すると5℃気温が低くなり、25℃となります。

以上の結果より、上空1kmの同じ高さで気温を比べると、雲をつくらなければ、地上から持ち上げた空気のほうが冷たく、地上の空気のほうが冷たい安定となり、雲をつくれば地上から持ち上げた空気のほうが暖かく、地上の空気のほうが暖かい不安定となるのです。このような状態のことを**条件付不安定**といいます。

☁ 絶対不安定

最後に、絶対不安定な成層状態についてお話ししていきましょう。

右の図のように、今度は地上（0m）に30℃の空気と上空1kmに15℃の空気があるとします。もちろんこのままでは気温は比べられないので、地上の空気を雲をつくらない場合と雲をつくる場合の2通りの考え方で、上空1kmまで上昇させて同じ高さで比べてみましょう。

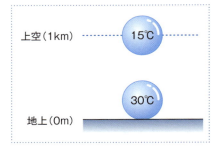

雲をつくらずに地上の空気が1km上昇すると、乾燥断熱変化し10℃気温が低くなり、20℃になります。

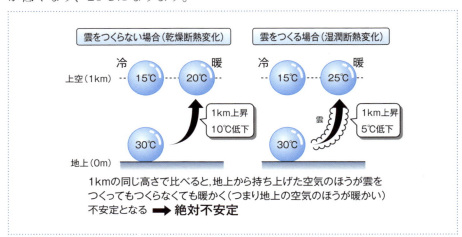

雲をつくりながら1km上昇すると、湿潤断熱変化し5℃気温が低くなり、25℃となります。

つまり、雲をつくってもつくらなくても上空1kmの同じ高さで比べると、地上から持ち上げた空気、つまり地上の空気のほうが暖かく不安定な状態なのです。この状態を**絶対不安定**といいます。

2地点間の気温差が大きいと不安定に

では、大気はどのような場合に絶対安定・条件付不安定・絶対不安定な状態となるのでしょう。それは、鉛直方向の2地点間（例えば、地上と上空1kmなど）の気温差によります。結論をいうと、2地点間の気温差が湿潤断熱変化の気温変化の割合より小さいと絶対安定となり、湿潤断熱変化と乾燥断熱変化の間になれば条件付不安定となり、乾燥断熱変化より大きくなれば絶対不安定となるのです。ちなみに、2地点間の気温差が湿潤断熱変化と同じ場合は湿潤中立、乾燥断熱変化と同じ場合は乾燥中立の成層状態となります。つまり、2地点間の気温差が大きくなるほど大気はより不安定となるのです。

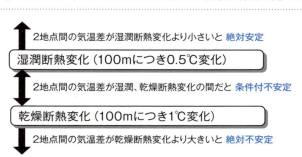

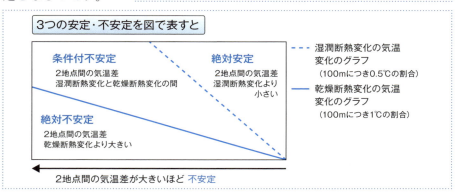

第3節 3つの安定・不安定

第3章 ● 大気の熱力学

温位ってなぁに?

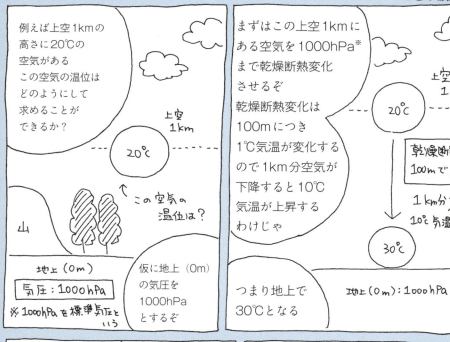

3-9 温位

温位

温位(記号：θ　単位：K)の求め方は、以下のとおりです。

① 空気がどんな高さにあっても、まず1000hPaまで乾燥断熱変化させて、そのときの温度(℃)を求めます。

② 次に、その1000hPaでの温度(℃)を絶対温度(K)に直します。

では、この温位とはいったい何のためにあるのでしょうか。結論からいうと、大気の安定度をみるためにあるものなのです。

安定・不安定というのは上と下の空気の温度差により発生しますが、空気の温度は、上と下にあるものを単純に比べることができず、必ず同じ高さまで持ってきて比べなければなりません。つまり、温位とは1000hPaまで乾燥断熱変化させたときの温度(絶対温度)ですから、空気の温位を比べるということは1000hPaの同じ高さで温度を比べたことになるのです。

よって、もし上と下に離れた状態に空気があったとして

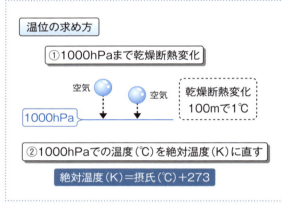

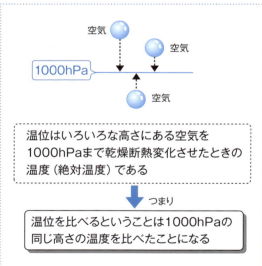

も、その空気の温位が初めからわかっていれば、その数値を比べるだけで同じ高さでの温度を比べたことになるのです。

温位は1000hPaまで乾燥断熱変化させたときの温度（℃）を絶対温度（K）で表したものですから、もちろんそのときの温度（℃）が高いほうが温位（K）も高くなり、低いほうが温位も低くなります。

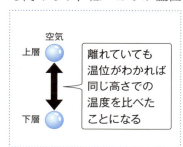
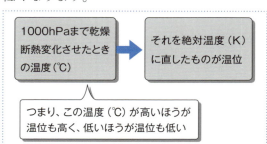

温位が高いと空気は暖かい

温位という普段聞き慣れない言葉を使うとどうしても難しく考えてしまいがちなのですが、単純に温位が高い状態とは空気が暖かく、温位が低い状態とは空気が冷たいと思っていただければ結構です。

そして、温位とは空気の高さに関係なく、その数値を比べるだけで同じ高さの温度を比べることになるわけですから、上層に温位の高い、暖かい空気があり、下層に温位の低い、冷たい空気がある状態が安定となり、その逆が不安定となるのです。

実際の大気は、一般に上空にいくほど温位が高くなるものです。そして上層に寒気が、または下層に暖気が流入し、温位の値が変化することによって大気の安定度が変化するのです。

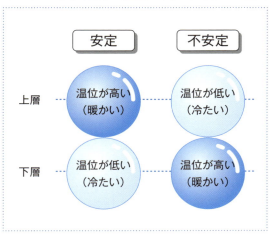

🌥 相当温位

相当温位(記号：θe　単位：K)とは、先ほどお話しした温位に空気中に含まれる水蒸気がすべて凝結したときに放出される潜熱を足したものです。

> 相当温位(θe)＝温位(θ)＋その空気中に含まれる水蒸気がすべて凝結したときに放出される潜熱

例えば、地上(0m)の気圧が1000hPaで、そこに20℃の空気があったとします。まず、この空気の温位を求めましょう。

温位とは1000hPaまで乾燥断熱変化させたときの温度でした。つまり、この空気はすでに1000hPaの高さにあるわけですから、乾燥断熱変化させる必要はありません。

よって、この20℃を絶対温度に直したものがこの空気の温位です。つまり、20℃＋273＝293K が温位ということになります。

また、自然にある空気は、目には見えませんが、水蒸気を含んでいるものです。仮に、この温位293Kの空気の含んでいる水蒸気が、すべて水滴に変化(凝結)したとします。そして、水蒸気が水滴に変化するときには潜熱を放出します。この空気の水蒸気がすべて水滴に変化したときに放出された潜熱が27Kであったとすると、

この空気の温位（293K）にさらにその水蒸気の潜熱（27K）を足したものが相当温位となります。すなわち、293K＋27K＝320K となり、この320Kこそが、この空気の**相当温位**ということになります。

また、相当温位とは温位に水蒸気の潜熱を足したものですから、水蒸気の潜熱を足した分だけ温位よりも必ず高くなります。

ちなみにその空気に水蒸気がなければ水蒸気の潜熱が足されないので、温位と相当温位は同じとなります。

空気の性質を知る

では、この相当温位はいったい何のためにあるのでしょうか。結論をいうと、空気の性質を知るためにあるのです。

相当温位とは温位と水蒸気の潜熱を足したものであり、温位とは空気の温度、つまり温暖か寒冷かで決まるものです。また、水蒸気の潜熱は水蒸気の量、つまり湿潤か乾燥かで決まります。それら2つ、つまり温位と水蒸気の潜熱を足したものが相当温位なわけですから、言い換えれば、相当温位は空気の温度と水蒸気の量で決まるものなのです。

つまり、相当温位の数値が高くなるときは、その空気が温暖・湿潤、つまり比較的暖かくて湿っているときで、低くなるときとは、その空気が寒冷・乾燥、つまり比較的冷たくて乾いているときです。

高相当温位＝温暖・湿潤

低相当温位＝寒冷・乾燥

※相当温位の値の高さを知ることで、その空気がどれだけ暖かくて、どれだけ湿っているかがわかる

以上より、相当温位の値の高さを知ることで、その空気がどれだけ暖かくてどれだけ湿っているかという、空気の性質がわかるのです。一般に、相当温位の数値が318K以上になると高温多湿な空気、336K以上になると大雨をもたらす空気の目安といわれています。

この相当温位は、次の式で近似的に表すことができます。

$$\text{相当温位}(\theta e) = \text{温位}(\theta) + 2.8\,w$$

(w:混合比　単位:g/kg)

例えば、空気の温位が300Kで大気中の水蒸気量を表す混合比が10g/kgであれば、相当温位は上の式より、300K(温位)＋2.8×10g/kg(混合比)＝328K ということになるのです。

温位(θ)と相当温位(θe)は保存量

空気が水蒸気の凝結をともなわない乾燥断熱変化をするときには、その空気の温位と相当温位は保存されます。保存とは要するに、数値が変化しないことをいいます。

例えば、地上（0m）の気圧が1000hPaで、その場所に30℃の空気があったとします。この空気はすでに1000hPaの高さにあるので、この30℃を絶対温度に直したものがこの空気の温位ということになります。つまり、30℃＋273＝303K です。

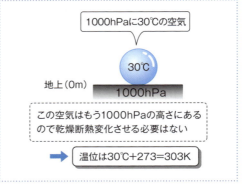

そして、この空気（温度30℃、温位303K）を、乾燥断熱変化で上空1kmまで上昇させると、温度は20℃と低下しますが温位は303Kと変化しません。

なぜ温位は変化しないのかというと、乾燥断熱変化で上空1kmまで上昇させた空気の温位を求めるときは、再び1000hPa（この場合は地上0mに相当）まで乾燥断熱変化で下降させて、そのときの温度を絶対温度に直さなくてはいけないのです。つまり、上空1kmで20℃の空気を1000hPaまで乾燥断熱変化させると、1000hPaにもともとあった空気の温度30℃と同じことになり、結局温位も303Kと変化しないのです。このような理由から乾燥

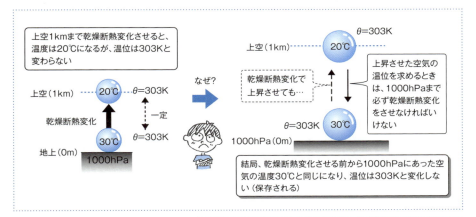

　断熱変化では温位は変化せずに保存されます。

　また、乾燥断熱変化とは雲をつくらない変化のことですから、もし空気中に水蒸気が含まれていたとしても、乾燥断熱変化ではその水蒸気の量は変わりません。もし空気が

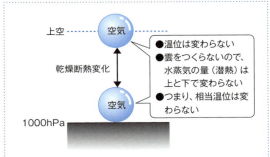

雲をつくれば、その空気中に含まれる水蒸気の一部が雲（水滴）となり、水蒸気の量は変化します。つまり、空気を乾燥断熱変化させると温位は変わらず、空気中に含まれる水蒸気の量も変わらなければ、その水蒸気がもつ潜熱の大きさも変わりません。このような理由から、乾燥断熱変化では温位と水蒸気の潜熱を足した相当温位も変化せずに保存されるのです。

　次に、空気が水蒸気の凝結をともなう湿潤断熱変化をするときにはその空気の温位は保存されずに、相当温位のみが保存されるようになります。

　例えば、地上（0 m）の気圧が1000hPaでそこに30℃の空気があったとすると、その温位は303Kです。この空気が上空1 kmまで湿潤断熱変化をすると温度は25℃に低下しますが、温位は308Kと逆に高くなるのです。

　では、なぜそうなるのかというと、湿潤断熱変化で上空1 kmまで上昇させた空気の温位を求めるときも、必ず1000hPaの高さまで乾燥断熱変化で下降させて、そのときの温度を絶対温度に直さないといけないからです。つ

まり、1000hPaの高さでは35℃になり、これを絶対温度に直した308Kが上空1kmまで湿潤断熱変化させた温度25℃の空気の温位ということになるのです。

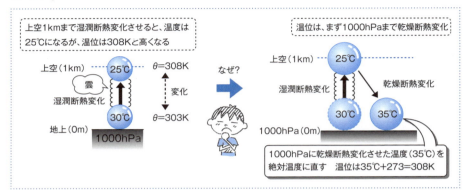

湿潤断熱変化では温位は保存されない

これより、湿潤断熱変化で空気を上昇させた場合、そのときの温度低下の割合よりも、温位を求めるときの乾燥断熱変化で下降させる温度上昇の割合のほうが大きくなることがわかります。そのため、1000hPaでの温度が湿潤断熱変化をする前のもともと1000hPaにあった空

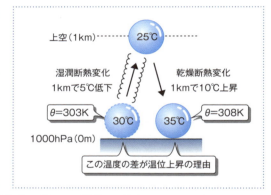

気の温度よりも高くなり、その温度の差だけ温位も高くなるのです。このような理由から、湿潤断熱変化では温位が保存されないのです。

また、湿潤断熱変化とは雲をつくる変化のことなので、温位だけでなくその空気中に含まれる水蒸気の量にも変化が生じます。地上の空気を湿潤断熱変化で上空まで上昇させたときに、地上の空気のほうが含まれる水蒸気の量が多く、そして雲をつくりながら上昇するために、上空にある空気のほうが含まれる水蒸気の量が少なくなるのです。

これより、湿潤断熱変化で空気を上昇させたときに上空にある空気のほうが温位は高くなりますが、その分水蒸気の量が少なく、水蒸気のもつ潜熱も低くなります。逆に、湿潤断熱変化をする前の地上の空気は温位は低いのですが、その分水蒸気の量は多く、水蒸気のもつ潜熱も高くなるのです。

このような理由から、湿潤断熱変化をする前としたあとの地上と上空の空気とでは温位や水蒸気の潜熱に違いはありますが、その2つの要素を足した相当温位は変化せずにこの湿潤断熱変化では保存されるのです。

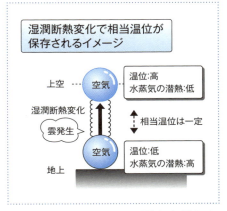

湿球温位（θw）

湿球温位（θw）とは飽和※した高さから1000hPaまで湿潤断熱変化させたときの温度という意味があります。

湿球温位（θw）…飽和した高さから1000hPaまで湿潤断熱変化させたときの温度

まだ飽和していない、つまり未飽和の空気を上昇させると最初は乾燥断熱変化の気温の変化（1℃/100m）で上昇しますが、ある高さで飽和に達します。

その高さよりもさらに上では雲をつくりながら、つまり水蒸気の凝結を伴いながら上昇することになるため、**湿潤断熱変化の気温の変化（0.5℃/100m）で空気は上昇する**ことになります。この飽和に達した、つまり気温と露点温度が同じになった高さから湿潤断熱変化で1000hPaまで移動させたときの温度が湿球温位になります。

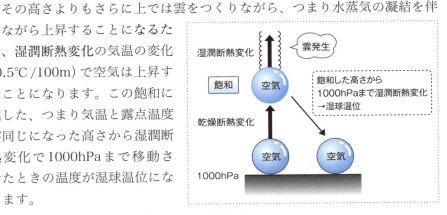

※飽和については第3章第10節「いろいろな水蒸気を表す量」を参照してください。

水蒸気の量はいろんな表現の仕方がある！

大気中の水蒸気の量を表す言葉にはいろいろあるがここではそれらについてお話ししていくよ

へぇーいろいろあるんだ

まず水蒸気密度とは単位体積（1㎥）中に含まれる水蒸気の質量のことをいうのじゃ

水蒸気密度 単位：g/㎥
↓
単位体積（1㎥）中に含まれる水蒸気の質量

単位はg/㎥じゃ！

おーなるほど

例えば1㎥の大きさの空気があるとする。ここに1つ1gの水蒸気が5つ入っていたとするとこのときの水蒸気密度は5g/㎥となるのじゃ！

● → 水蒸気の粒（1つ1g）

← 1m³の空気

1m³の空気の中に1つ1gの水蒸気が5つ入っている

⇒ このときの水蒸気密度は5g/m³となる

なるほどよくわかったよ！

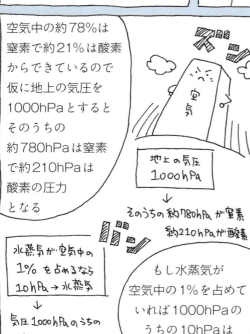

3-10 いろいろな水蒸気を表す量

水蒸気の飽和

　空気というのは目には見えませんが、水蒸気という物質を含んでいます。では、空気は水蒸気をいくらでも含めるかというとそうではなく、限界があります。空気が水蒸気を限界まで含んだ状態を**飽和**といい、空気が含むことのできる最大の水蒸気量（水蒸気圧）を表したものを**飽和水蒸気量**（**飽和水蒸気圧**）といいます。この飽和水蒸気量は空気の温度によって変化し、温度が高いほどその値は大きくなります。つまり、空気は温度が高いほど水蒸気をたくさん含むことができるのです。ちなみに、温度によって空気中に含むことのできる水蒸気量が変化することが、雲ができる理由です。

　例えば、水蒸気が最大30gまで入る大きさのコップがあるとします。このとき、このコップに入る水蒸気量を空気の飽和水蒸気量とします。そして、実際にコップに入っている水蒸気量が20gだとします。つまり、このコップにはまだ10g分だけ水蒸気を含むことのできる余裕があります。このときの気温が仮に30℃だとします。

　では、気温を20℃まで低下させたとき、飽和水蒸気量が小さくなるので、コップが最大20gまでしか入らない大きさになったとします。コップの中身

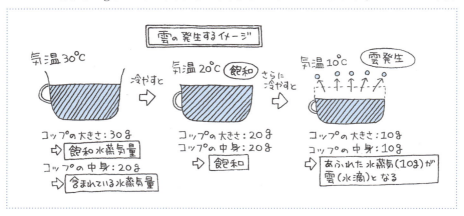

はここでは変化しないと仮定しますので、ここでコップの大きさ（20g）とコップの中身（20g）が同じになりました。この状態を飽和といいます。

さらに気温を10℃まで低下させると、飽和水蒸気量もさらに小さくなるので、コップが最大10gまでしか入らない大きさになったとします。このとき、コップの中身（20g）がコップの大きさ（10g）を上回るので、中身の水蒸気があふれることになります。この場合は、10gです。このあふれた水蒸気が水滴、つまり雲となります。

☁ 露点温度

露点温度（記号：Td　単位：℃）とは、未飽和（飽和していない状態）の空気の気温を低下させていき、飽和に達するときの温度をいいます。

いま、空気の気温が20℃でこの空気の露点温度が15℃だったとします。露点温度というのは飽和に達するときの温度ですから、つまり、この空気は20℃から15℃まであと5℃気温を低下させれば飽和に達します。

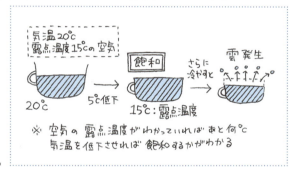

さらにその状態から気温を低下させると雲が発生し始めます。

このように、空気の露点温度がはじめからわかっていれば、あと何℃気温を低下させれば飽和に達し、雲ができ始めるのかがわかるのです。

また、気温が30℃で露点温度がそれぞれ20℃と15℃の空気があった場合、2つの空気の気温を同じように下げていくと、露点温度が20℃の空気のほうが先に飽和に達します。つま

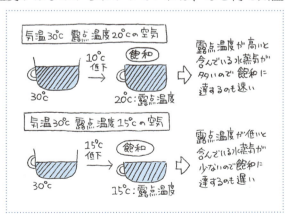

り、露点温度が高い空気というのは、より多くの水蒸気をその空気中に含んでいることになるので飽和に達するのが速いのです。逆に、露点温度が低い空気というのは、水蒸気をあまり含んでいないので飽和に達するのが遅くなります。

このように、空気中に含まれる水蒸気の量で露点温度が変化するのであれば、含まれている水蒸気量が同じ空気というのはそのときの気温に関係なく飽和に達する温度が同じになるので、露点温度も同じになるのです。

また、空気の露点温度というのは気圧が変わると変化します。例えば、その空気がまだ未飽和な状態で上昇(気圧は低下)や下降(気圧は上昇)する場合は、その空気の露点温度は100mにつき0.2℃の割合で変化します。もし、その空気がすでに飽和している状態で雲をつくれば、湿潤断熱変化(62ページ参照)と同じ、100mにつき0.5℃の割合で変化します。

☁ 湿数

湿数(記号：T－Td　単位：℃)とは、空気の気温(T)から露点温度(Td)を引いたものです。

例えば、空気の気温が30℃で露点温度が20℃だったとします。このときの湿数は気温30℃から露点温度20℃を引いた10℃となります。つまり、湿数とは気温と露点温度の差のことですから、その空気の気温をあと何℃下げれば露点温度、つまり飽和に達する温度になるかを表しているのです。

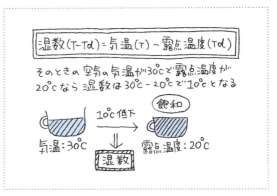

では、湿数0℃とはどんな状態を表しているのでしょうか。湿数0℃とは、その空気の気温を0℃(湿数分)低下させると露点温度に達するという意味なので、もう気温を下げなくても、その空気は飽和に達しています。

以上より、湿数が0℃に近ければ近いほど空気は湿っているということになります。また、理論上は湿数0℃が飽和であり、雲ができ始めるのですが、

実際は湿数が3℃以下になれば雲ができていると考えられます。その領域を天気図上では**湿域**または**湿潤域**(T − Td ≦ 3℃)といいます。

☁ 相対湿度

相対湿度(記号：Rh　単位：％)とは、空気の湿り具合を％で表したもので、一般的には単に湿度としてよく用いられています。

この相対湿度は次の式で求めることができ、この値が高ければ高いほど、その空気は湿っていることを表しています。

$$相対湿度 = \frac{空気中の水蒸気量（水蒸気圧）}{そのときの気温における飽和水蒸気量（飽和水蒸気圧）} \times 100$$

また、相対湿度が同じ100％の空気でも、夏の空気のほうが含むことができる水蒸気量が多いために水蒸気の絶対量は多く、冬の空気のほうが含むことができる水蒸気の量が少なくなります。つまり冬の空気が含んでいる水蒸気の絶対量は夏に比べて少ないのです。

☁ 混合比

混合比(記号：w　単位：g/kg)とは、空気中に含まれる水蒸気の質量と、その水蒸気を取り除いた空気(乾燥空気)の質量の比を表したものです。

水蒸気を含んだ湿潤空気を、その中に含まれている水蒸気とその水蒸気を取り除いた乾燥空気に分けて比べたものをいいます。一般的に混合比とは、乾燥空気1 kgに対して水蒸気の質量は何gになるかを比べたもので、もしこの乾燥空気が1 kgで含まれている水蒸気が10gだとしたら、このときの混合比は10g/kg(水蒸気の質量/乾燥空気の質量)と表されます。つまり、含まれている水蒸気が多くなればなるほど、混合比の値も大きくなるのです。普段聞きなれない言葉ですが、混

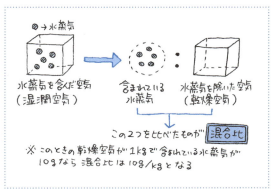

合比とは単純に空気中に含まれる水蒸気の質量を表しているイメージで結構です。

また、混合比は空気の気圧や気温が変化しても、周囲の湿潤空気と混合したり水蒸気の凝結や蒸発が起こったりしない限り保存されます。

例えば、水蒸気を含んだ空気（湿潤空気）を上昇させると、気圧が低下し、膨張します。逆に、下降させると、気圧が上昇するので収縮します。このとき、ただ体積が変化しただけで、この空気全体の質量は変化しません。同じように、空気を暖めると膨張し、冷やすと収縮しますが、これ

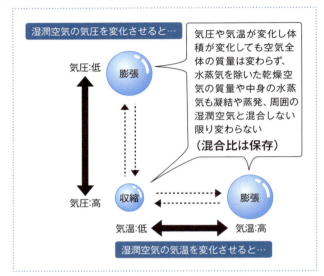

も体積が変化しただけで、この空気全体の質量は変化しません。つまり、空気から水蒸気を除いた乾燥空気の質量も、含まれている水蒸気も、凝結や蒸発または周囲の湿潤空気と混合さえしなければ、その質量は変化しないのです。ただし、水蒸気に変化が生じると、水蒸気自身の質量はもちろん、湿潤空気全体の質量も変化しますので注意してください。

乾燥空気の質量も水蒸気の質量もこのように変化しなければ、その２つの比率も変化しないので混合比は変化しないことになり、保存されるのです。

☁ 比湿

次に比湿（ひしつ）（記号：q　単位：g/kg）について説明します。比湿とは、湿潤空気の質量とその中に含まれている水蒸気の質量の比を表したものです。

例えば、湿潤空気があり、その中に含まれている水蒸気の質量とこの湿潤空気全体の質量を比べたものが比湿です。

一般的に比湿とは、湿潤空気１kgに対して水蒸気の質量は何gになるかを

表し、これも水蒸気の質量が多くなればなるほどその値は大きくなるのです。

なお、比湿と混合比は前ページの通り実際には異なるのですが、実用上はほぼ同じ大きさとなります。また、この比湿も混合比と同じような考え方で、空気の気圧や気温が変化しても周囲の湿潤空気と混合したり、水蒸気の凝結や蒸発が起こらない限り保存されるのです。

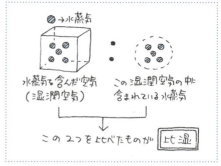

☁ 絶対湿度

相対湿度（P97参照）と似た言葉に**絶対湿度**（単位：g/㎥）があります。この絶対湿度には空気1㎥中に含まれる水蒸気量のことを表しており、これはP92でお話しした水蒸気密度と同じ意味になります。

潜熱のエネルギーの大小

潜熱にはいくつか種類があり、エネルギーの大きさが異なります。氷から水（融解）、または水から氷（凝固）に変化するときの潜熱のエネルギーは①$0.33 \times 10^6$ J/kgで、水から水蒸気（蒸発）、または水蒸気から水（凝結）と変化するときの潜熱のエネルギーは②$2.5 \times 10^6$ J/kgです。また、氷から水蒸気、または水蒸気から氷と変化する、要するに昇華のときの潜熱のエネルギーは①と②の潜熱を足した2.8×10^6 J/kgとなります。

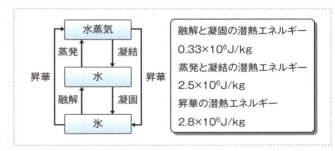

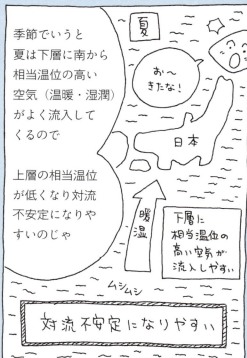

3-11 対流不安定

2地点間の温度差で決まる

　上層ほど相当温位（θe）が低くなると大気は**対流不安定**な成層状態になるのですが、では大気はその対流不安定な成層状態になるといったいどのようなことが起こるのでしょうか。それを今から考えていきましょう。

　地上（０m）から上空１kmまでを下層、上空１kmから２kmまでを上層とし、このときの下層の相当温位は高い状態、つまり温暖・湿潤で、上層の相当温位は低い状態、つまり寒冷・乾燥であるとします。このように、上層ほど相当温位が低くなると大気は対流不安定な状態になります。

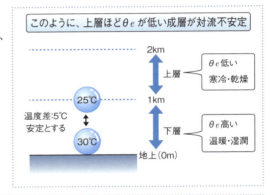

　では、地上の温度が30℃で上空１kmの温度が25℃であるとします。大気の安定度というのは２地点間の温度差が大きくなるほど安定度が悪くなります。このときの２地点間（地上と上空１km）の温度差は５℃ということになるわけですが、ここではわかりやすくするために、この温度差の場合にこの地上から上空１kmまでのこの層全体は比較的安定な状態とします。この比較的安定な層の一番下の空気、図でいうと地上の30℃と一番

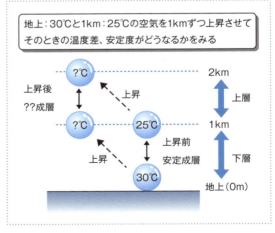

102

上の空気、つまり上空1kmの25℃をそれぞれ1kmずつ上昇させてみます。そして、上昇させる前と後とで層全体の温度差と安定度がどのように変化するかをみていきます。

まず、地上の空気を1kmの高さまで上昇させようとすると、相当温位の高い下層（地上～上空1km）を通過することになり、ここでは空気がよく湿っているので雲をつくりながら上昇することになります。つまり、湿潤断熱変化をすることになるので、地上の空気は上空1kmでは25℃ということになります。

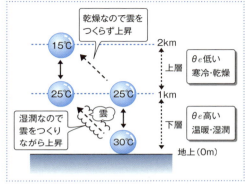

同じように、上空1kmの空気を2kmの高さまで上昇させようとすると、今度は相当温位の低い上層（上空1km～2km）を通過することになり、ここでは空気が乾いているので雲をつくらずに上昇します。つまり、乾燥断熱変化をすることになり、上空1kmの空気は2kmの高さでは15℃になります。

このように、地上と上空1kmの空気をそれぞれ1kmずつ上昇させた結果、この層の温度差が10℃となり、上昇させる前に比べて大きくなりました。つまり、安定度が悪くなったのです。

☁ 対流不安定層

以上のように、上昇させる前の層は温度差が小さく安定なのに、地形、あるいは前線の影響などの何らかの力によって上昇させられたあとの層は温度差が大きくなり、安定度が悪くなる成層状態のことを**対流不安定成層**といいます。そして、上昇させたあとの安定度が悪くなった層の中では、対流雲が集団的に

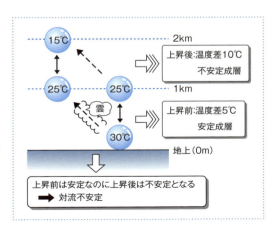

第3章 ● 大気の熱力学

発生・発達するといわれているのです。梅雨期に豪雨が降るようなときの大気は、一般的にこの対流不安定な状態にあります。

また、対流不安定のことを**ポテンシャル不安定**ということがありますが、これは飽和していなければ安定であるのに、層全体が上昇して飽和に達したときに大気中に内在していた不安定が顕在化して、対流雲などが発達するという意味が含まれているのです。

安定・不安定の表現

ここで、安定・不安定の別の表現方法もお話ししておきます。ある限られた範囲の空気、空気塊が何らかの理由によって上昇した場合に、そのときの温度が周囲の大気の温度よりも高いとき、空気塊の密度は相対的に小さく、軽くなります。このとき、空気塊は物体を浮き上がらせようとする力・浮力を得て、何も力を加えなくてもその高さからさらに上昇していきます。このように、空気塊が自然に上昇を続けることのできる大気の状態を**不安定な状態**といいます。

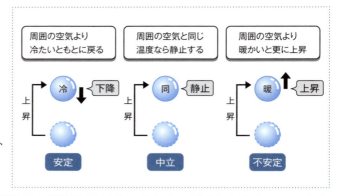

同じように、空気塊が上昇した場合に、今度はそのときの温度が周囲の大気の温度よりも低いとき、空気塊の密度は相対的に大きく、重くなります。このとき、この空気塊には負の浮力がはたらき、もとの位置まで戻ろうとして、下降します。このように、空気塊がもとの位置まで下降しようとする大気の状態を**安定な状態**といいます。

もし、空気塊が上昇したときの温度が周囲の大気の温度と同じような場合は、空気塊と周囲の大気の密度は同じ（つまり同じ重さ）になります。このとき、この空気塊はその場所から上昇も下降もせずに静止しようとします。このような大気の状態を、特に**中立な状態**といいます。

空気塊が上昇する理由

一般的に空気塊が上昇する理由は、次の4つが考えられます。

①下層で収束が起こる場合
②地形による場合
③日射などが原因で地上付近で空気が暖められ対流が起こる場合
④前線などによる場合

①下層で収束が起こる場合
　下層で収束、つまり空気が集まると、それよりも下（地表面）に空気はいけないので、上昇することになります。

②地形による場合
　山などに空気がぶつかると、その山の形に沿って空気は上昇していくことになります。例えば南から吹いてくる、いわゆる南風が吹けば、山の南側斜面で空気が上昇することになります。

③日射などが原因で地上付近で空気が暖められ対流が起こる場合
　日射などにより地上付近の空気が暖められると、その暖められた空気の密度が小さく、軽くなり、上昇流つまり対流が起きることになります。

④前線などによる場合
　簡単にいうと暖気や寒気など異なる空気の境目にできるのが前線※です。また暖気と寒気では暖気のほうが密度が小さいので寒気の上を上昇することになります。

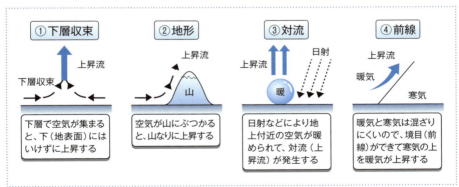

※前線については第7章第4節「前線」を参照してください。

高度とともに気温は低くなる？高くなる？

3-12 逆転層

3つの逆転層

　接地逆転層とは、夜間の放射冷却により、地表面付近の空気が冷えてできる逆転層です。この接地逆転層をお話しする前に、まずその成因である放射冷却がどういうものかというところからお話ししていくことにしましょう。

　地球というのは、太陽が昇っている間はその太陽から熱エネルギーを受け取ることになります。そのため、昼間は気温が上昇するのです。しかし、地球は太陽から熱エネルギーを一方的に受け取るだけかというとそうではなく、実は地球からも熱エネルギーを放出しているのです。それを**地球放射**といいます。つまり、太陽が沈んでからは熱エネルギーを受け取ることができず、地球放射により熱エネルギーが出ていくばかりになります。そのため、夜間は気温が低下していくのです。このように、夜間に地球放射により地表面やそれに接した空気が冷却される現象を**放射冷却**といいます。

　この放射冷却は、広く高気圧に覆われているなどの、よく晴れていて風の弱い日に顕著に現れます。空が曇っている日というのは地球から出た熱エネルギーが、その雲によりブロ

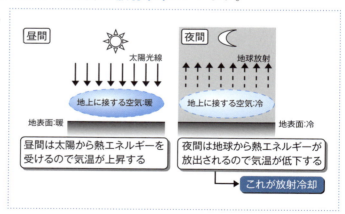

ックされてしまうために気温が下がりにくく、また、風が強いと仮に地表面付近に冷たい空気が滞留しても、ほかの空気と混合してしまうので気温が下がりにくいのです。そのため、よく晴れていて、なおかつ風の弱い日に顕著に現れるのです。

以上より、接地逆転層というのは、放射冷却により地表面付近の気温が低下するために、その上にある空気の気温が相対的に高くなり、そこで高度とともに気温が上昇する逆転層が形成されることをいいます。

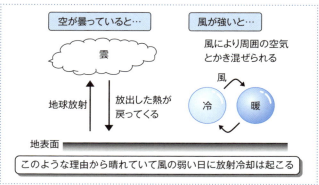

　なお、日の出とともに地表面付近の気温も上昇し始めるので、接地逆転層も解消されていきます。
　続いて、**沈降逆転層**についてですが、沈降逆転層とは、高気圧の下降流による断熱圧縮の昇温により、地表面から離れた高度にできる逆転層のことです。

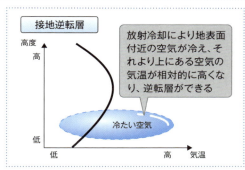

高気圧の一般的な形成過程

　まず、高気圧というのは、上空でその中心に空気が収束してそれが下降流となり、地上付近で発散、つまり空気が離れていくものです。また、上空の収束と地上付近の発散を比べた場合、上空の収束のほうが大きくなります。つまり、地上付近で空気が離れる量よりも、上空で空気が集まる量のほうが多いため、中心付近で空気の量が多く、重くなり、高気圧となるのです。これが高気圧の一般的な形成過程です。

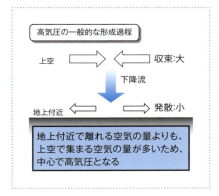

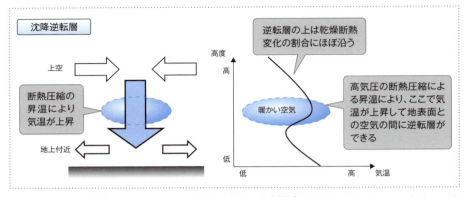

　以上より、高気圧というのは中心付近に下降流をともなうものであり、その下降流による断熱圧縮の昇温により気温が高くなり、地上付近の気層との間で逆転層が形成されるのです。

　また、沈降逆転層より上の気温の変化の割合は、ほぼ乾燥断熱変化の割合と一致します。つまり、上空から空気が断熱的に下降してきていることを表しているのです。

　最後に、**移流（前線性）逆転層**について説明します。移流（前線性）逆転層とは、前線のように冷たい空気の上を暖かい空気が上昇することによりできる逆転層のことです。

🌥 転移層

　暖かい空気や冷たい空気のように性質の異なる空気というのは、水と油のようになかなか混じり合おうとしません。そのため、その間に境目ができるのです。これを**転移層**とよびます。暖かい空気と冷たい空気がぶつかると、暖かい空気のほうが密度が小さく軽く、冷たい空気のほうが密度が大きく重いために、冷たい空気の上を暖かい空気が斜めに上昇していくのです。そのため、暖気と寒気の境目である転移層は、高度とともに寒気側に傾きます。

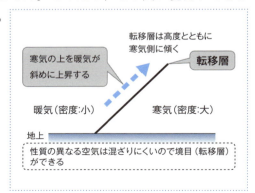

以上より、転移層を境目にして下側に寒気があり上側に暖気がある状態なので、この転移層の部分で逆転層が形成されます。また、転移層は高度とともに寒気側に傾くため、この逆転層も高度とともに寒気側に傾きます。

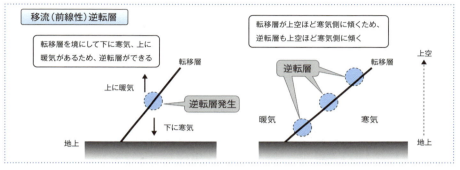

　なお、天気予報などでよく聞く前線というのは、簡単にいうと、このような異なる空気の境目の部分に発生するものであり、そのときの暖気と寒気のどちらの勢力が強いかで名前が変化します。暖気の勢力が強いのが温暖前線で、寒気の勢力が強いのが寒冷前線です。

煙突の煙で見る逆転層

　逆転層は気温が高度とともに上昇する、つまり上空ほど暖かい空気が存在しているため、大気は安定、くわしくは絶対安定な状態です。

　右図のように煙突があり、その上空に逆転層があるとします。

　さらに、その煙突から煙が出ている場合、その煙は逆転層よりも上空には進めずに横にたなびくように進んでいきます。

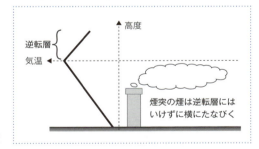

　さらに、逆転層よりも下層の大気が不安定だった場合、その逆転層よりも下で対流が起きるため、煙突の煙は逆転層よりも下層において混合されて、拡散されるようになります。

　いずれの場合も逆転層がある場合、地表近くで放出された汚染物質は逆転層よりも上空にはいけずに、地表付近でたまってしまうことがあります。

いろいろなことがわかるエマグラム

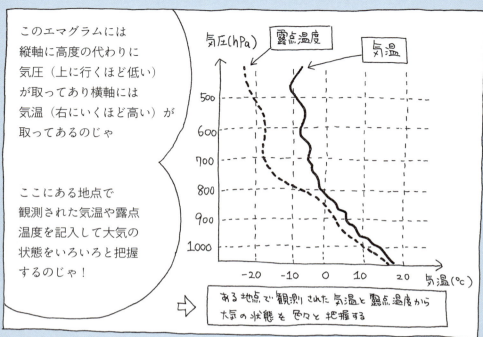

このエマグラムには縦軸に高度の代わりに気圧（上に行くほど低い）が取ってあり横軸には気温（右にいくほど高い）が取ってあるのじゃ

ここにある地点で観測された気温や露点温度を記入して大気の状態をいろいろと把握するのじゃ！

ある地点で観測された気温と露点温度から大気の状態を色々と把握する

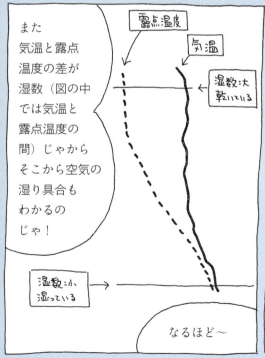

また気温と露点温度の差が湿数（図の中では気温と露点温度の間）じゃからそこから空気の湿り具合もわかるのじゃ！

湿数:大 乾いている

湿数:小 湿っている

なるほど〜

ではこのエマグラムについてくわしくお話ししていこうかの

おーがんばってマスターするよ

3-13 エマグラム

エマグラムの3種類の線の意味

エマグラム（EMAGRAM）の図（右図参照）の中には3種類の線が記入されています。その中で最も傾きの大きな実線が**乾燥断熱線**であり、最も傾きの小さな破線が**等飽和混合比線**です。また、この2つの線のちょうど間の傾きをもち、曲がっている一点鎖線が**湿潤断熱線**です。

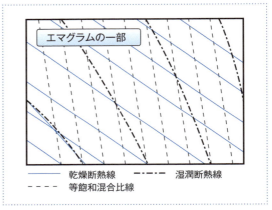

まず乾燥断熱線は、もし空気が雲をつくらずに上昇や下降をした場合、エマグラム上ではこの線に沿って気温が変化するということを意味します。だから、この線の傾きが表しているのは、高度が100m上昇（下降）すると気温が1℃低下（上昇）するというイメージです。

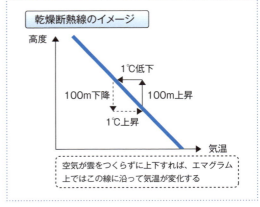

次に湿潤断熱線は、もし空気が雲をつくりながら上昇や下降をした場合、この線に沿って気温が変化するということを意味します。だから、この線の傾きが表すのは、高度が100m上昇（下降）すると気温が0.5℃低下（上昇）するというイメージです。しかし、実際には雲をつくるときの気温の変化には幅があり、一般的に対流圏下層では100mにつき約0.4℃、対流圏中層では100mにつき約0.6〜 0.7℃の割合

となります。また、対流圏上層では水蒸気も少なく気温も低いので、乾燥断熱変化の割合とほとんど変わらなくなります。このように、実際には気温変化に幅があるため湿潤断熱線は直線ではなく曲がっているものなのです。

最後に等飽和混合比線ですが、等飽和混合比線には混合比の値が示されており、図の右にいくほどその値は大きくなります。この図では、右にいくほど気温が高くなるようになっています。気温が高くなると、空気が含むことのできる水蒸気量も大きくなるため、この等飽和混合比線に示されている混合比の値も右にいくほど大きくなるのです※。

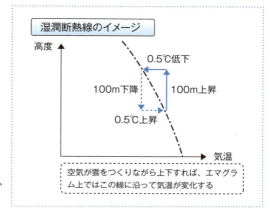

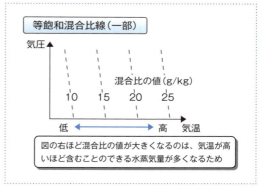

空気の状態を把握する

このエマグラムでは、ある地点の気温や露点温度を示して、そこから大気の状態をいろいろと把握するのですが、気温の上を通る等飽和混合比線の値が空気が含むことのできる最大の水蒸気量（飽和混合比）を表しており、露点温度の上を通る等飽和混合比線の値が、実際に含まれている水蒸気量（混合比）を表しています。

例えば、ある地点の1000hPaの気温が20℃で、その上を15g/kgの等飽和混合比線が通っていれば、その空気は最大で15gまで水蒸気を含むことができて、露点温度が12℃でその上を9 g/kgの等飽和混合比線が通っていれば、それは9 gの水蒸気を実際に含んでいることを表しているのです。

※正確には、混合比とは乾燥空気1kgに対して存在する水蒸気の質量を表す。

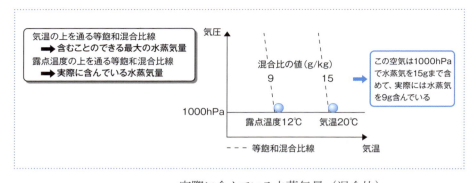

このときの相対湿度（$\frac{実際に含んでいる水蒸気量（混合比）}{含むことのできる最大の水蒸気量（飽和混合比）} \times 100$）は、$\frac{9\mathrm{g}}{15\mathrm{g}} \times 100 = 60\%$ ということになります。

つまり、同圧上で気温と露点温度が同じなら、その上を同じ値の等飽和混合比線が通ることになり、含むことのできる最大の水蒸気量と実際に含んでいる水蒸気量が同じになります。これは、その空気がその高さで飽和していることを表しているのです。それを湿度で表すと100％の状態になります。

エマグラムで雲の発生場所を知る

空気塊がある高さから断熱的に上昇すると膨張し、その膨張に使ったエネルギー分だけ気温が低下します。そのとき、もし飽和に達するまで冷やされると、その高さからは雲をつくりながら上昇していくようになります。エマグラムを使えば、ある高さの空気塊が断熱的に上昇したときに、どの高さからどの高さまで雲ができるのかが推定できるのです。

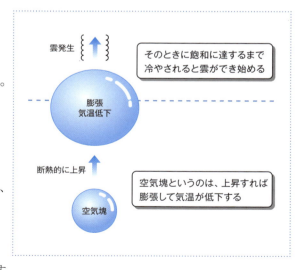

右図のように、気温（実線）と露点温度（破線）が実際に観測された場所があるとします。ここで観測された1000hPaの気温、露点温度とまったく同じ仮想的な空気塊を想定し、1000hPaの高さから何らかの理由で持ち上げられたときに、この空気塊はどの高さからどの高さまで雲ができるのかを見ていきます。

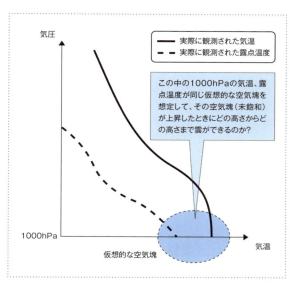

　まず、1000hPaの気温と露点温度が同じではないので、この空気塊はまだ未飽和な状態、同じなら飽和の状態です。つまり、この空気は飽和に達するまでは雲をつくらないので、気温はまずエマグラムの中の乾燥断熱線に沿って、あるいはもしこの段階でこの空気塊が飽和していれば、雲をつくりながら上昇することになるので、湿潤断熱線に沿って、低下していきます。

　ここでのポイントは、この空気塊の気温が等飽和混合比線の値の大きい側から小さい側（図では右側から左側）に横切りながら、乾燥断熱線に沿って低下していくということです。つまり、気温の上を通る等飽和混合比線の値がこの空気塊の含むことのできる水蒸気量を表していましたから、それが大きい側から小さい側に横切るということは、空気塊の上昇にともなう気温の低下とともに、含むことができる水蒸気量が小さくなることを表しているのです。

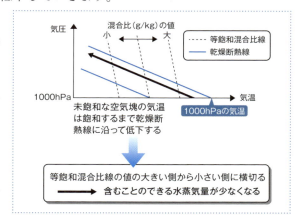

第3章 ● 大気の熱力学

また、この空気塊の露点温度の上を通る等飽和混合比線の値が空気塊の実際に含んでいる水蒸気量を表していましたから、空気塊が上昇しても変化しないので、等飽和混合比線に沿って変化してい

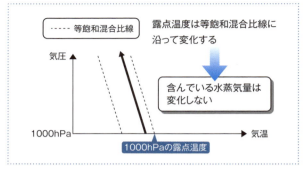

きます。このとき、空気塊は上昇すると膨張するので1m³中に含まれる水蒸気の質量、つまり水蒸気密度は減少しますが混合比は保存されます。

☁ 持ち上げ凝結高度（LCL）

　やがてこの空気塊の気温の変化（含むことのできる水蒸気量の変化）を示した乾燥断熱線と、露点温度の変化（実際に含んでいる水蒸気量の変化）を示した等飽和混合比線がある高さ（図では850hPa）で交わります。この高さを**持ち上げ凝結高度**（**LCL**）といいます。つまり、その2つの線が交わるということは含むことのできる水蒸気量と含んでいる水蒸気量が同じになるということなので、この空気塊はその高さで飽和に達するという意味になります。

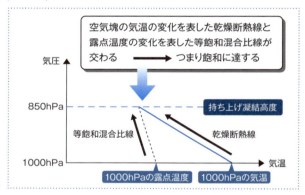

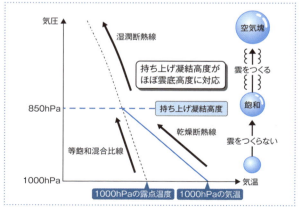

よって、この高さ、つまり持ち上げ凝結高度より上に空気塊が上昇して気温がさらに低下すれば、含んでいる水蒸気量が含むことのできる水蒸気量を上回るため、その分だけ雲ができ始めることになり、この高さがほぼ雲底高度にあたることになります。

　この持ち上げ凝結高度を境目にして、これより下の高さでは、この空気塊はまだ飽和に達しておらず雲はつくらないので乾燥断熱線に沿って気温は低下するのですが、これより上の高さでは、この空気塊は雲をつくることになるので湿潤断熱線に沿って気温が低下していくようになるのです。

☁ 自由対流高度（LFC）

　やがて、その湿潤断熱線とこの場所で実際に観測された気温曲線がある高さ（図では700hPa）で交わるようになります。この高さを<u>自由対流高度</u>（LFC）といいます。その高さよりもさらにこの空気塊の気温が湿潤断熱線に沿って雲をつくりながら低下し続ければ、再び実際に観測された気温曲線とある高さ（図では500hPa）で交わるようになります。この高さのことを<u>平衡高度</u>といいます。

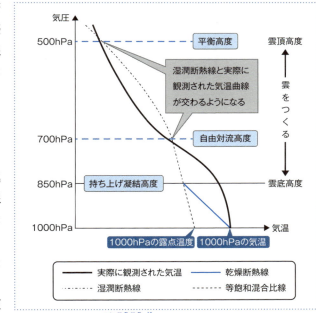

　先に結論をいうと、この平衡高度がほぼ雲頂高度にあたり、1000hPaから上昇してきたこの空気塊は、持ち上げ凝結高度（850hPa）から平衡高度（500hPa）まで雲をつくることになるのです。では、この自由対流高度と平衡高度にはいったいどのような意味があるのでしょうか。博士に聞いてみることにしましょう。

実際にエマグラムをみてみよう！

では自由対流高度と平衡高度についてエマグラムのところをおさらいしながらお話ししていくよ

うん、なんだか面白くなってきたよ

ある場所で実際に観測された気温と露点温度の結果が図のようになっておりその中の1000hPaの気温と露点温度が同じ仮想的な空気塊を想定し、それが何らかの理由で上昇したとしようかの

まずこの空気塊の気温は乾燥断熱線に沿っていき、露点温度は等飽和混合比線に沿って変化するのじゃ！そしてその２つの線が交わる高さを持ち上げ凝結高度（つまり飽和に達する高さ）と呼び、それより上の高さでは雲をつくるために高度は湿潤断熱線に沿って気温が低下するわけじゃな！

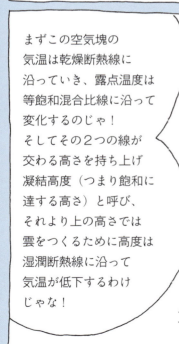
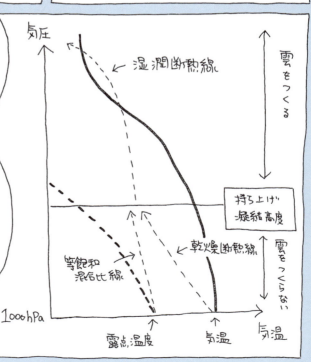

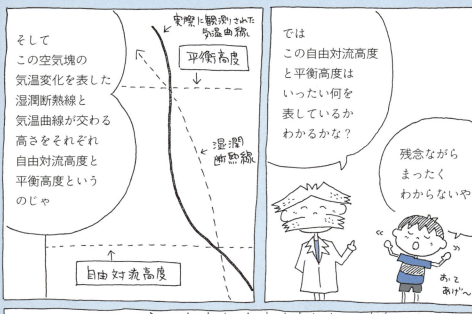

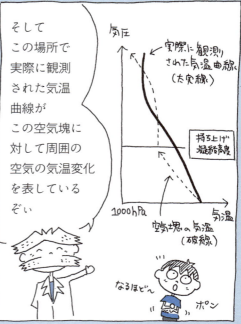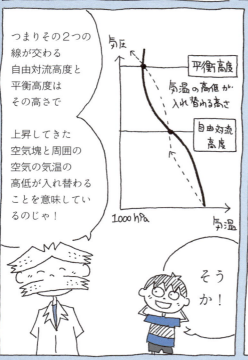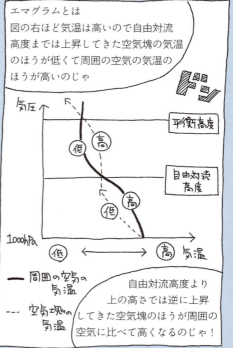

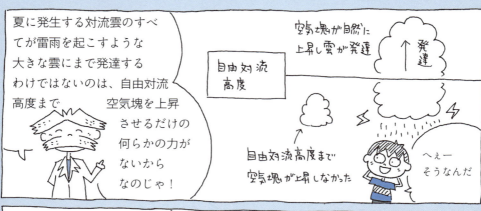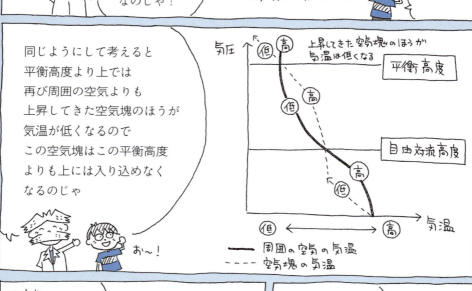

3-14 対流有効位置エネルギーと対流抑制

面積と浮力

右図のように、ある場所で観測された気温(太実線)の中で、1000hPaの気温が同じと仮定した空気塊を上昇させると、右図のような気温の結果(太破線)になるとします。このとき、この図の中のA点～B点と2つの気温曲線に囲まれた部分の面積を**対流抑制(CIN)** と

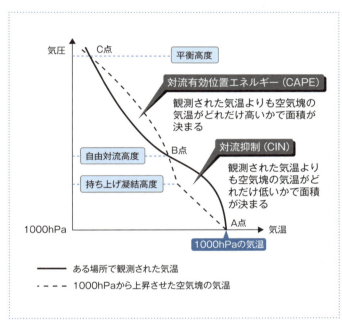

いいます。このエマグラムでは、図の右にいくほど気温が高くなりますから、図の中のA点～B点までは1000hPaから上昇させてきた空気塊のほうが、観測された気温、つまりこの空気塊に対する周囲の空気の気温よりも低いのです。周囲の空気よりも気温の低い空気塊というのは、密度が大きいために下向きに下がろうとします。これを負の浮力がはたらくといいます。つまり、対流抑制とは、周囲の空気に対して、ある高さから持ち上げてきた空気塊の気温がどれだけ低いかで面積が変化するものであり、空気塊の下向きのエネルギー、つまり負の浮力の大きさを表すのです。

また、図の中のB点～C点と2つの気温曲線に囲まれた部分の面積を**対流有効位置エネルギー(CAPE)** といいます。B点～C点までは1000hPaから上

昇させてきた空気塊のほうが、観測された気温よりも高いのです。周囲の空気よりも気温の高い空気塊というのは、密度が小さいために上向きに上がろうとします。これを浮力がはたらくといいます。つまり、対流有効位置エネルギーとは、周囲の空気に対して、ある高さから持ち上げてきた空気塊の気温がどれだけ高いかで面積は変化するものであり、空気塊の上向きのエネルギー、つまり浮力の大きさを表すのです。

なお、対流抑制より対流有効位置エネルギーの面積のほうが大きな状態を**潜在不安定**といいます。

☁ SSI（ショワルター安定指数）

SSI（ショワルター安定指数 単位：℃）とは、大気の安定度を知るための目安の指数のことであり、これもエマグラム上から求めることができます。

SSIの求め方は500hPaの実際の気温（T500）から850hPaの空気塊を断熱的に500hPaまで持ち上げると仮定したときの気温（T850）を引いたもの（T500 － T850 ＝ SSI）です。

例えば、500hPaの気温と850hPaの気温と露点温度が右図のように観測された場所があるとします。では、このときの850hPaの空気塊を断熱的に500hPaまで持ち上げてみましょう。

まず、850hPaの空気塊が未飽和なら気温は乾燥断熱線、飽和していれば湿潤断熱線に沿って低下し、露点温度は等飽和混合比線に沿って変化します。

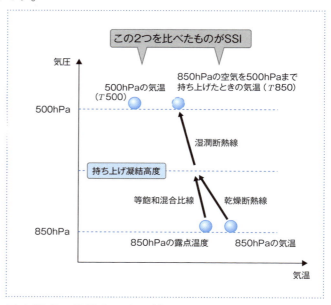

やがて、ある高さでその2つの線が交わりますが、そこ、つまり持ち上げ

凝結高度で850hPaから持ち上げてきた空気塊が飽和したことを表しています。つまり、その高さより上では、空気塊は雲をつくりながら上昇するため、気温は湿潤断熱線に沿って低下していき、500hPaの高さとちょうど交わるところが850hPaの空気塊を500hPaまで断熱的に持ち上げたときの気温（T850）ということになります。

そして、500hPaの観測された気温（T500）からその気温（T850）を引くと、この地点でのSSIを求めることができるのです※。

大気が安定か不安定かを見るときには、必ず同じ高さで気温を比べないと上と下にある空気の温度の高低は比べることができなかったわけですが、このSSIというのは850hPaの空気を500hPaまで持ち上げることにより、同じ500hPaという高さで気温を比べるということになります。

SSIというのはT500からT850を引いたものなので、値がプラスになるときは、T500のほうが気温が高いときです。T500とは500hPaにもともとある空気の温度を表しますから、それは上空にある空気のほうが暖かいことを意味しています。つまり、大気は安定なのです。

逆に、SSIの値がマイナスになるときは、T850のほうが気温が高いときです。T850とは850hPaから500hPaまで持ち上げてきた空気塊の気温を表しますから、そ

れは下層にある空気のほうが暖かいことを意味しています。つまり、大気は不安定なのです。

このように、SSIがマイナスになるときが不安定を意味するのですが、実用上はSSIが3℃以下になると雷雨などに注意が必要なのです。

※SSIというのは1000hPaや地上ではなくて、850hPaの空気塊を断熱的に500hPaに持ち上げたときなので、高さに十分に注意してください。

温位（θ）と湿球温位（θw）を求める

　乾燥断熱線上に書いている数字は温位（θ）の大きさを表しています。例えば、300Kの温位に相当した乾燥断熱線上を空気が上昇したり下降したりする際は、その空気の温位は300Kで一定という意味です。また、700hPaで－2℃の上を300Kの乾燥断熱線が通っているとき、それは700hPaで－2℃の空気の温位は300Kという意味です。乾燥断熱線を上手に使えば、ある高さの気温の空気の温位が、比較的容易に求めることができるのです。

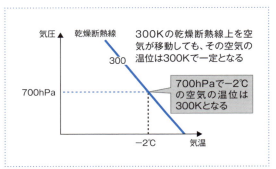

　また湿潤断熱線上に書かれている数字は湿球温位（θw）の大きさを表しています。湿球温位とは飽和した高さから1000hPaまで湿潤断熱変化させたときの温度という意味があります。

　つまりエマグラム上では飽和に達する持ち上げ凝結高度から湿潤断熱線で1000hPaまで移動させて、そのときの温度を絶対温度（℃＋273）に直せば求めることができます。

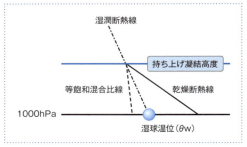

　または持ち上げ凝結高度を通っている湿潤断熱線の値をみればそれがその空気の湿球温位になり、比較的容易に求めることができます。同じ気圧にある2つの空気塊を比べると、湿球温位の値が大きい方が相当温位の値も大きいという特徴があります。

位置エネルギーと運動エネルギー

　位置エネルギーとは、物体がある高さにあることでその物体にたくわえら

れているエネルギーのことです。数式で表すと、mgh（m：質量　g：重力加速度　h：高さ）と表すことができます。つまり、質量が大きく高い位置にあるほど、その物体のもつ位置エネルギーは大きくなるのです。

位置エネルギー
$$m \times g \times h$$
（m：質量　g：重力加速度　h：高さ）

運動エネルギーとは、その名の通り運動している物体がもつエネルギーのことです。数式で表すと、$\frac{1}{2}$mv^2（m：質量　v：速度）と表すことができます。つまり、質量が大きく速度が大きいほど、その物体のもつ運動エネルギーは大きくなるのです。

運動エネルギー
$$\frac{1}{2} \times m \times v^2$$
（m：質量　v：速度）

この位置エネルギーと運動エネルギーには密接な関係があります。例えば、手でボールを持ち上げたときに、そのボールはそれだけで位置エネルギーをもつようになります。そして、手を離すとボールは落下し始めるため位置エネルギーは減少しますが、その分運動エネルギーが増加して、ボールが加速するのです。

位置エネルギーと運動エネルギーを足した力を**力学的エネルギー**といいます。ボールが落下するうえで位置エネルギーや運動エネルギーは変化しますが、大事なことはその2つのエネルギーを足した力学的エネルギーは変化しないということです。これを**エネルギー保存の法則**といいます。

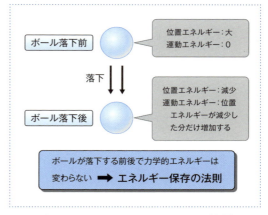

大気も重さがあるために位置エネルギーをもっていますが、その位置エネルギーがすべて運動エネルギーに変換されるわけではありません。全位置エネルギーの中で運動エネルギーに変換されたものを**有効位置エネルギー**とよびます。実際の大気においては、有効位置エネルギーは全位置エネルギーの約0.5％を占めるにすぎません。

分子量ってなぁに？

では次に乾燥空気と湿潤空気の分子量についてお話ししていくよ

何それ？

この気象学では水蒸気を含まない空気のことを乾燥空気と呼び水蒸気を含む空気のことを湿潤空気と呼ぶわけじゃが……

水蒸気を含まない空気
⇒ 乾燥空気
水蒸気を含む空気
⇒ 湿潤空気

そうそう水蒸気を含むかどうかで区別したんだよね

乾燥空気は水蒸気を含まないので

その空気の大部分は窒素（約80％）か酸素（約20％）でできているものなのじゃ！

乾燥空気
窒素（N_2）…約80％
酸素（O_2）…約20％
↓
乾燥空気の大部分を占めている

うんうん

そしてこの窒素や酸素には分子量といって、まぁ簡単にいうと重さみたいなものが決まっているのじゃ！

ちなみに窒素の分子量は28 酸素は32じゃぞい

ドン

分子量（重さみたいなもの）
窒素（N_2）→ 28
酸素（O_2）→ 32

びっくり！
えー重さみたいなものがあるんだね

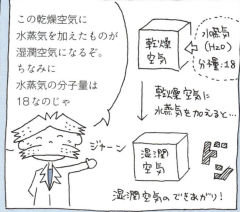
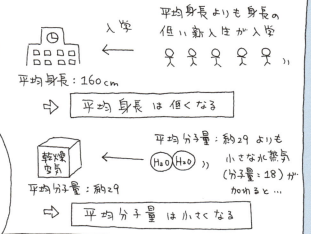

3-15 仮温度

乾燥空気と湿潤空気を比べる

　この気象学では、空気中に水蒸気が含まれている効果を**仮温度**（Tv）を用いて表現することがあります。仮温度は英語ではvirtual temperatureといって、現在ならば仮想温度と訳されるであろう言葉です。

　乾燥空気と湿潤空気を比べたときに、乾燥空気のほうが密度が大きく重く、湿潤空気のほうが密度が小さく軽いと先ほど博士がお話ししていましたが、では、その湿潤空気と似たものをこの乾燥空気でつくろうとしたらどうすればよいのでしょうか。

　結論をいうと、乾燥空気の気温を仮に少し上昇させて、密度を小さく、軽くすれば、水蒸気こそ含みませんが湿潤空気と似たような仮想的な空気をこの乾燥空気でつくることができます。そして、もとの気温よりも少し上昇させたこの乾燥空気が示す温度を**仮温度**というのです。

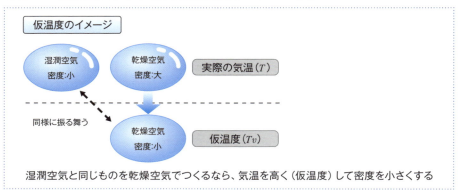

湿潤空気と同じものを乾燥空気でつくるなら、気温を高く（仮温度）して密度を小さくする

　空気中に水蒸気が含まれれば含まれるほどに、その湿潤空気の密度はより小さくなるのですから、それと同じものを乾燥空気でつくろうと思えば、気温をさらに上昇、つまり仮温度がより高くなる状態で、密度をより小さくさせなければなりません。つまり、この仮温度の高さ・低さを見ることによって、空気中に水蒸気が含まれている効果がわかるということなのです。

また、この気象学で、乾燥空気に対して導かれたあらゆる方程式にこの仮温度を用いれば、その法則は乾燥空気に対して導かれた法則であっても、見かけ上は湿潤空気に対して導かれた法則と同じようなことになるのです。

なお、混合比をwとし、実際の気温をTとすると仮温度(Tv) = (1 + 0.61w)Tと定義されています。

☁ ジオポテンシャル高度

ある高度の位置エネルギーを重力加速度で割ったものを**ジオポテンシャル高度**といいますが、ジオポテンシャル高度とは単純に高度と考えても問題はなく、ジオポテンシャル高度が高い＝高度が高い、ジオポテンシャル高度が低い＝高度が低いという考え方で結構です。

> ジオポテンシャル高度が高い
> 　　　　＝高度が高い
>
> ジオポテンシャル高度が低い
> 　　　　＝高度が低い

☁ 比容

比容(記号：α　単位：m^3/kg)とは、物質が1kgになるときの体積のことを表しています。この比容の値が大きく($1 m^3/kg → 10 m^3/kg$)なるほど、物質が1kgになるときの体積が大きいことになるので、つまり、この比容は簡単にいうと物質の体積の大きさを表していると考えることができます。

また、同じ物質において、比容(1kgあたりの体積　単位m^3/kg)と密度($1 m^3$あたりの質量　単位：kg/m^3)の積(かけること)は1になります。

例えば右図のようにある物質の体積が$1 m^3$、質量が2kgである場合を考えます。

比容は1kgあたりの体積のことなので$0.5 m^3/kg$、密度は$1 m^3$あたりの質量の

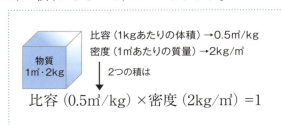

ことなので2kg/㎥になり、比容と密度の積は1（0.5㎥/kg×2kg/㎥＝1）になります。ここでは物質の体積が1㎥、質量が2kgである場合を考えましたが、別の場合を考えても同じ結果になります。

このように2つの数の積が1になるとき、一方の数をもう一方の数の逆数といいます。つまり比容と密度の積は上記のように1になるため、比容は密度の逆数、そして密度は比容の逆数ということになります。

比容×密度＝1であり、それを比容＝の形に直すと、1÷密度となります。これを記号で表すと $α$（比容）×$ρ$（密度）＝1となり、$α = \dfrac{1}{ρ}$ となります。ここから $α$ を $\dfrac{1}{ρ}$ と表すこともできます。

$$α（比容）× ρ（密度）= 1$$
↓ $α=$の式に変形すると…
$$α（比容）= \dfrac{1}{ρ（密度）}$$

湿ったフェーンと乾いたフェーン

山の風上側で雲を発生させ降水をともなった空気が、山の風下側に吹きつけるときに高温・乾燥する現象のことを一般的に**フェーン現象**といいますが、それをくわしくは**湿ったフェーン**とよびます。対して、**乾いたフェーン**といって、雲や降水をともなわないフェーンもあります。

例えば、標高1000mの山の風上側の麓に20℃の空気があり、この空気はその場に留まるものとします。山頂付近を吹く風（気温15℃）はその風速にもよりますが、この山に沿って下降する場合があります。上空の乾燥した空気が下降するわけですから乾燥断熱変化をし、風下側では25℃となり、風上側に比べて高温になるのです。

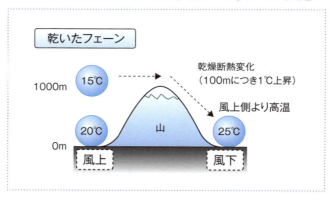

第 4 章

降水過程

空気中のちりやほこりが重要！

4-1 エアロゾル

空気中に浮遊する微粒子

☁ エアロゾル

　エアロゾル(エーロゾル)とは、空気中に浮遊するいろいろな大きさや化学組成をもつ微粒子の総称で、簡単にいうとちりやほこりのことです。このエアロゾルの発生源には、海面のしぶきが蒸発して残った塩分(海塩粒子)、陸地の地表から巻き上げられた土壌粒子、火山活動により大気中に放出された粒子、自動車や工場など人間活動にともない放出された汚染粒子、植物の花粉などが一般的にあげられます。

　地表面付近で測定されたこのエアロゾルの数は、相対的に陸上、中でも市街地などで特に多く、海上では少ないの

	陸　上	海　上
エアロゾルの数	多　い	少ない
エアロゾルの大きさ	小さい	大きい

ですが、大きさは、陸上で小さく、海上で大きいという特徴があります。

　また、エアロゾルはその大きさにより、次の3つに分けられます。
① **エイトケン核**(半径0.005〜0.2μm)
② **大核**(半径0.2〜1μm)
③ **巨大核**(半径1μm以上)　　※ $1\,\mu m = \frac{1}{1000}\,mm$

この中で数が最も多いのはエイトケン核ですが、大核も数多く存在しており、質量の点からいえばこの大核がエアロゾルの大部分を占めています。また、海洋上には半径20μmにも達する巨大核も存在しています。

エアロゾルが大気に与える影響

　このエアロゾルが大気中に多い場合には、**大気の視程**といって大気中の透明度を距離で表したものに影響を与えます。大気中にエアロゾルが多いために視程が悪く、また湿度が低いような状態を**煙霧**といいます。

もし、エアロゾルという微粒子がないような清浄な空気中では、相対湿度が100％、つまり飽和の状態になってもなかなか凝結は起こらず、やがては相対湿度が100％を超えてしまいます。この状態を**過飽和**な状態といいます。

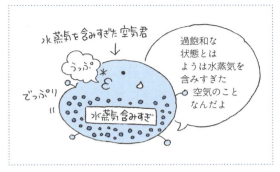

ところが、実際の大気中にはエアロゾルが存在しているために、相対湿度が100％を超えるとほとんどすぐに凝結が始まり、水滴をつくりだしているのです。場合によっては100％以下でも、始まることがあります。

大きな水滴をつくるエアロゾル

では、なぜエアロゾルがある場合とない場合とではこのように差ができるのでしょうか。結論をいうと、それは水滴にはたらく表面張力が邪魔をするからなのです。

この表面張力には、水滴の表面積を最小にしようとする作用があります。一般的に、水滴の表面積が最小になるのは球形のときであり、草の葉などに結ぶ露が球形をしているのはこのためなのです。

もし、エアロゾルのない空気中で何かのきっかけにより水蒸気と水蒸気がぶつかり水滴ができたとします。このような、空気中で発生した水滴はふつうものすごく繊細ですが、水蒸気がさらにこの水滴

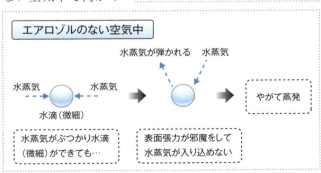

第4章 ● 降水過程

に入り込むことができれば、もちろん大きく成長することができます。しかし表面張力がこの水滴の表面積を最小にしようとはたらきますから、今の状態よりもこの水滴が成長して、表面積が増加しようとすることを阻止するのです。つまり、表面張力のはたらきにより、この水滴の中に水蒸気が入り込み成長することが困難になるということです。

また、水蒸気が水滴に加わることにより増加する表面積の割合は小さな水滴ほど大きくなるので、この表面張力に打ち勝ち成長するためには、大きなエネルギーが必要になります。つまり、小さな水滴ほどその中に水蒸気が入り込み成長することが困難になるのです。

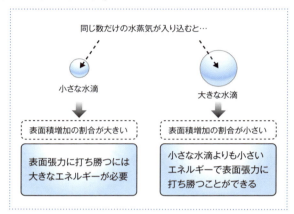

このような理由から、エアロゾルのない空気中で水滴が発生したとしても、それはものすごく微細なため、表面張力により成長できずにやがては蒸発してしまうのです。このようにエアロゾルのないような清浄な空気中では、偶然多数の水蒸気がぶつかるなどして発生した比較的大きな水滴のみが生き残ることになりますが、そのような水滴が発生する可能性は極めて低いといえます。

成長しやすい水滴とは？

では、空気中にエアロゾルがある場合を考えてみます。

空気中にエアロゾルがあると、そのエアロゾルに向かってまわりにある水蒸気が凝結します。その結果、そのエアロゾルを中心(核)とした水滴をつくるのです。つまり、エアロゾルというのはその表面に水蒸気を凝結させて水滴をつくるための中心(核)となるはたらきをします。

また、エアロゾルというのはそれだけである程度の大きさをもっているため、エアロゾルがない空気中で偶然的に発生した水滴よりも大きいのです。

水滴の表面張力に打ち勝ち成長するためには、水滴が小さいほど大きなエネルギーが必要でしたから、エアロゾルを中心とした水滴は最初からある程度の大きさをもっている、つまりエアロゾルが大きいほど最初の水滴は大きなものができることになるため、小さなエネルギーで表面張力に打ち勝ち成長することができるのです。つまり、水滴の中に水蒸気が入り込みやすく、成長もしやすいのです。

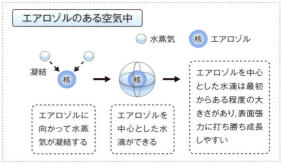

吸湿性に優れるエアロゾル

　また、上記の理由から比較的大きいという以外にも、雲(霧・もや)の発生という点から見て重要なのが、吸湿性(空気中の水分を吸いとる性質のこと)がよく、水に溶けやすい、つまり水溶性の大きいエアロゾルなのです。吸湿性のよいエアロゾルは空気中の水分を吸収しやすいため、その表面に水蒸気を凝結させやすく、水滴をつくりやすくします。また、水に溶けやすいエアロゾルは水滴の飽和水蒸気量(飽和水蒸気圧)を低くするはたらきがあります。一般的に、化学物質が溶けた溶液は、純粋な水に比べて飽和水蒸気量が低いという性質があるのです。このような理由から、雲の発生にはエアロゾルという微粒子が必要不可欠なのです。

雲(霧・もや)の発生において重要なエアロゾル

① 吸湿性のよいエアロゾル
　→空気中の水分を吸収しやすいため

② 水に溶けやすい(水溶性が大きい)
　→水滴の飽和水蒸気量(飽和水蒸気圧)を低くする

日本で降る雨はほとんどが冷たい雨？

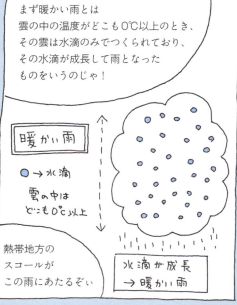

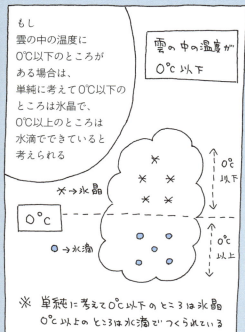
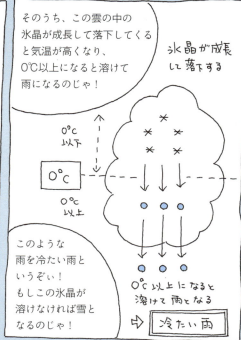

4-2 暖かい雨と冷たい雨

暖かい雨の成長過程

　暖かい雨とは、先ほど博士がお話ししていたように、雲の中の温度がどこも0℃以上のときにその雲の中の水滴が成長して、落下してきたものをいいます。では、その暖かい雨がどのようにしてできるのかをここではくわしくみていくことにしましょう。

　空気が過飽和の状態、要するに空気中に含まれている水蒸気が多い状態になると、雲の中で水滴の核となるエアロゾル、つまり凝結核にまわりの水蒸気が凝結してくることで小さな水滴ができます。さらに、その水滴に向かってまわりの水蒸気が凝結してくることで、より成長した水滴ができます。この水滴のことを**雲粒**とよび、これが雲の正体です。そして、このような成長過程を**凝結過程**（**拡散過程**）といいます。

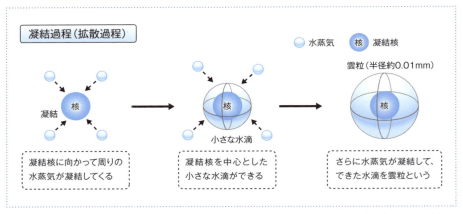

　この雲粒の大きさは半径約0.01mmほどで、この雲粒が成長して雨粒となり空から落ちてきたものを私たちは雨とよぶわけですが、その雨粒の大きさは半径約1mm以上です。

　そのようにして考えると、空に浮いている雲（雲粒）と、空から落下してくる雨（雨粒）とではその大きさにかなりの違いがあることになりますが、どの

ようにして雲粒から雨粒にまで成長することができるのでしょうか。

　もし、先ほどの凝結過程（水滴に水蒸気が凝結して成長する過程）という成長過程のみで雲粒が雨粒にまで成長することを考えると、実は2〜3日もかかる計算になるのです。ところが、実際の雨というのは、夏の夕立ちなどが顕著な例ですが雲ができてから数時間のうちに降ってくることがあるのです。つまり、この凝結過程だけで雲粒から雨粒までの成長を考えると、あまりにも遅すぎて、実際の話と矛盾が生じてしまうのです。

雲粒が成長して雨粒となる

　では、この雲粒はどのようにして雨粒にまで成長することができるのかというと、次にお話する併合過程により成長することができるのです。

　雲の中にできる水滴（雲粒）は、ある程度の大きさになると落下するようになります。そのときにその水滴の大きさに違いがあれば、大きな水滴のほうが落下速度が大きく、小さな水滴のほうが落下速度が小さくなります。

　つまり、大きな水滴のほうが落下速度が大きいので、落下しているときに、それよりも落下速度の小さな水滴に追いついて、吸収して大きくなるのです。また、水滴が大きくなればそこで落下速度も増すことになりますから、もっと速く次の落下速度の小さな水滴に追いつき吸収し、加速度的に成長するのです。それを何度も繰り返していくうちに、雲粒はやがて雨粒にまで成長すること（何度も繰り返し衝突するためには、雲自体がある程度の厚みをもっていることも必要）ができるのです。このように、水滴の落下速度の違いか

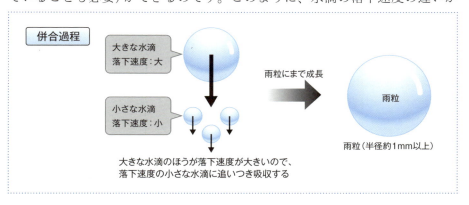

ら、落下速度の大きな水滴が落下速度の小さな水滴を吸収して成長する過程を**併合過程**といいます。

このように、暖かい雨というのは、雲粒までは凝結過程により成長し、雲粒から雨粒までは併合過程により成長して雨となるのです。

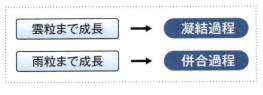

以上のような成長過程により水滴というものは成長するわけなのですが、いくらでも大きく成長できるというわけではありません。十分に大きく成長した水滴が空気中を落下すると、空気抵抗が大きくなるなどの理由により、分裂して一つひとつは小さくなる

のです。また、実際の雲の中では、大きな水滴に小さな水滴が衝突すると分裂する傾向があります。このような理由から、直径が約8 mmを超えるような雨粒は、地上では観測されません。

水滴の終端速度

地球上にある物体は、すべて重力という力を受けています。それは雨粒も同じことで、言い換えれば、重力に引かれているから空から落下してくるわけです。

例えば、自動車のアクセルを踏めば踏むだけその自動車は加速するように、物体というものは何かの力を受けている限り加速を続けるものです。つまり、この雨粒も重力という地球が引っ張る力を受けている限り、加速をしながら空から落ちてくるのです。もし、この雨粒が加速をしたまま、その速度を緩めることなく空から落下してくることを考えると、地上付近に到達した頃には、それはものすごく速いスピードになっていると考えられます。しかし、

実際はそこまで雨粒の落下速度は大きくはなりません。それは、この雨粒が空気中を落下する際に重力、つまり下向きの力とは逆に空気抵抗、つまり上向きの力を受けるからです。

☁ 終端速度

雨粒ははじめ、地球の重力に引かれて加速をしていくわけなのですが、雨粒の落下速度が増せば増すほど、その雨粒が受ける空気抵抗も増します。やがて、その雨粒にはたらく下向きの重力と上向きの空気抵抗が等しくなり、落下速度が一定となります。その落下速度のことを**終端速度**といいます。

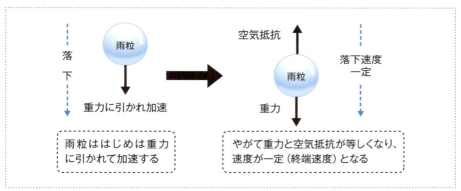

重力は記号で表すとmg(m：水滴の質量　g：重力加速度)と表せます。また、空気抵抗は記号で表すと$6\pi r\eta V$(π：円周率　r：水滴の半径　η：空気の粘性係数　V：落下速度)と表すことができます。水滴にかかる重力と空気抵抗が等しい状態のとき、これらの記号は＝で結ぶことができ、$mg=6\pi r\eta V$と表せます。これが水滴の終端速度を求める式の原形になるのです。これを①の式とし、ここから式がいろいろと変形していきます。

$$mg = 6\pi r\eta V \quad \cdots\cdots ①$$
（重力）　（空気抵抗）

m：水滴の質量　g：重力加速度　π：円周率
r：水滴の半径　η（エータ）：粘性係数　V：落下速度

※空気の粘性係数(記号：η　読み方：エータ)とは空気などの流体の粘り気の度合いを表すもの

この式の中のVの記号が水滴の落下速度(終端速度)を意味しますから、①の式をV＝の式に変形します。

直し方(右図参照)は、まず右辺(＝より右側にある記号：$6πrηV$)と左辺(＝より左側にある記号：mg)を入れ替えます。次にその入れ替えた式の両辺(左辺と右辺)を$6πrη$で割ると左辺の$6πrη$が消えて、$V=\dfrac{mg}{6πrη}$となり、これを②の式とします。

また、水滴の質量(m)は、$\dfrac{4}{3}πr^3ρ$と表現します。水滴を球形とした場合の体積$\dfrac{4}{3}πr^3$に、水滴の密度$ρ$をかけたものが水滴の質量mとなるためです。これを②の式のmのところに代入します。すると、右図の③のような式の形に直すことができます。

数式は、いかに必要でない記号を消すかでわかりやすくなるので、③の式の中で約分(右図参照)をして必要でない記号は消しましょう。まず、分子と分母に$π$があるので$π$は消えます。また、分子にr^3があり分母にrがあるので、これを約分すると、分子のr^3がr^2となります。

---

①の式の左辺と右辺を入れ替える。
$$mg = 6πrηV \;\Rightarrow\; 6πrηV = mg$$
(左辺) (右辺)

入れ替えた式の両辺を$6πrη$で割ると左辺の$6πrη$が消える。
$$6πrηV ÷ 6πrη = mg ÷ 6πrη$$

V＝の式に直せるので、この式を②とする。
$$V = \dfrac{mg}{6πrη} \quad \cdots\cdots ②$$

水滴の質量(m)は$\dfrac{4}{3}πr^3ρ$と表せるため、これを②の式のmに代入する。
$$V = \dfrac{mg}{6πrη} \quad \boxed{\dfrac{4}{3}πr^3ρ\text{を代入}}$$

次のような式となり、これを③の式とする。
$$V = \dfrac{\dfrac{4}{3}πr^3ρg}{6πrη} \quad \cdots\cdots ③$$

③の式の中で約分をすると$π$が消えて、分子のr^3はr^2となる。
$$V = \dfrac{\dfrac{4}{3}\cancel{π}r^{\cancel{3}\,2}ρg}{6\cancel{π}\cancel{r}η}$$

分子と分母に3をかけると、分子の$\dfrac{4}{3}$の3が消える。
$$V = \dfrac{\dfrac{4}{3}×3\,r^2ρg}{6×3η}$$

まとめると次の式になり、この式より終端速度は求める。
$$V = \dfrac{4r^2ρg}{18η} = \dfrac{2r^2ρg}{9η}$$

この中で一番やっかいなところは分数の中に分数があるところなのですが、分子と分母にわざと3をかけてやれば分子にある$\frac{4}{3}$の3は消せるのです。あとはこれをまとめていくと$V = \frac{4r^2 \rho g}{18 \eta}$となり、分子の4と分母の18を約分すると、最終的に$V = \frac{2r^2 \rho g}{9 \eta}$となるのです。この式を用いて、水滴の終端速度を求めます。

冷たい雨の成長過程

冷たい雨とは、雲の中の氷晶(凍った雲粒)が成長して、落下する際に溶けて雨(溶けなければ雪)となったものです。先ほどの暖かい雨は水滴が成長したものですが、この冷たい雨は氷晶が成長したものですから、暖かい雨とはまた違った成長過程をとることになります。

冷たい雨の成長過程は暖かい雨よりもずっと複雑で、これには一般的に、①水蒸気の昇華凝結過程、②ライミング、③凝集過程の3つがあります。順に分けてこれからお話ししていくのですが、その前に**水蒸気の飽和**という言葉の別の表現についても知っておくほうがよいので、ここでお話ししておきます。

水面付近の大気では、水面から蒸発が起こり、次第に大気中の水蒸気量が増加します。もちろん大気中に含むことのできる水蒸気量には限界があるので、やがてその水面からの蒸発が止まります。この状態を**飽和**といい、このときの大気の水蒸気量を**飽和水蒸気量**というのです。

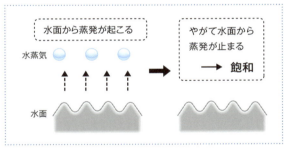

つまり、大気というのは飽和に達しない限りはその大気中に水蒸気を含むこと

ができるので、水面は蒸発をすることができるのです。洗濯物が乾くのはこの理由からであり、夏場よく乾くのは、気温が高くその大気中により多くの水蒸気を含めるからなのです。

①水蒸気の昇華凝結過程による成長

　雲というのは何から構成されているのでしょうか。雲の中でも0℃以上の部分は水滴から構成されており、0℃以下の部分は氷晶から構成されていると単純には考えられます。ところが、実際は0℃以下になっても純粋な水滴は液体のままで存在することが多く、そのような水滴を**過冷却水滴**（**過冷却雲粒**）といいます。

　雲の中の温度が－40℃ぐらいになるまでは純粋な過冷却水滴は液体のままで存在することも希ではなく、言い換えればそれよりも温度が低くなると水滴はすべて自発的に凍結するようになり、雲の中は氷晶のみで構成されるようになります。しかし、この過冷却水滴の中に**氷晶核**が入り込むと、比較的高い温度（－20～－10℃）で凍結し、氷晶となることができるのです。

　雲の中の温度が－20～－10℃ぐらいのとき、このような状況下でも雲の中のほとんどは過冷却水滴です。たまたま氷晶核を捕獲できた雲粒だけが凍り、氷晶として存在しているのです。ちなみに、氷晶核は凝結核より一般的に少ないのです。

　このように、過冷却水滴と氷晶が同じ空間に存在しているときには過冷却水滴は蒸発してしまい、そのときにできた水蒸気が氷晶に昇華して、氷晶が大きく成長するのです。このような氷晶の成長過程を**昇華凝結過程**といいます。

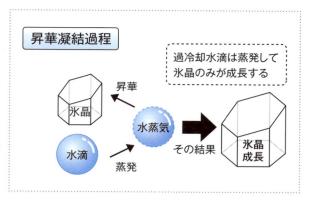

　では、なぜこのように、過冷却水滴は蒸発して氷晶のみが成長することができるのでしょうか。それは、水と氷に対する飽和水蒸気量が違うからです。

右表にあるように、水と氷の飽和水蒸気量を比べた場合、氷に対する飽和水蒸気量のほうが同じ温度で見ると小さいのです。つまり、氷晶に対しては飽和している状態でも、過冷却水滴に対してはまだ飽和していない状態のときがあり、飽和に達していない限りその過冷却水滴は蒸発するのです。

飽和水蒸気量（g/m³）の温度による変化

温度	水	氷
−5℃	3.4	3.3
−10℃	2.4	2.1
−15℃	1.6	1.4
−20℃	1.1	0.9

このような理由から、過冷却水滴と氷晶が同じ空間に存在するときは、過冷却水滴は蒸発して成長できず、氷晶のみが成長することができるのです。

②ライミングによる成長

雲の中で過冷却水滴と氷晶が存在しているときに、過冷却水滴が氷晶に衝突すると、氷晶の上に凍りついて大きく成長することがあります。このような成長過程を**ライミング**といいます。

氷晶にたくさんの過冷却水滴が凍りつき、直径が5 mm未満の氷の粒ができれば、それを**あられ**といいます。また、そのあられが大きく成長し、その直径が5 mm以上の氷の粒になれば、それを**ひょう**といいます。あられやひょうといった名称は、大きさの違いで決まる氷の粒の名前ですが、そのような氷の粒が落下する現象そのものも、同じようにあられやひょうと呼ばれます。また、雨と雪が混ざって降るものを**みぞれ**とよび、溶けかけの雪もみぞれといいます。

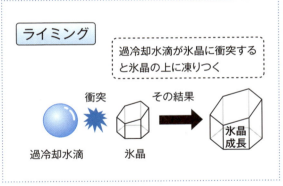

ひょうは発達した積乱雲の中で生じます。発達した積乱雲の中には強い上昇気流があり、そこで発生したあられはその強い上昇気流により地上に落下

することができずに、吹き上げられては落下し、再び上昇気流により吹き上げられては落下することを繰り返します。そのうちにあられの表面に何度も過冷却水滴が凍りつき、やがてひょうにまで成長することができるのです。

積乱雲が多く発達する夏の頃に、ひょうも多くなりますが、地上付近の気温が高くなりすぎると完全にとけてしまうので、結果的に真夏の頃よりも初夏の頃に、最も多く見られるのです。

③凝集過程による成長

成長した氷晶はある程度の大きさになると落下をし始めますが、落下速度の大きな氷晶が落下速度の小さな氷晶に衝突し付着して大きく成長することがあります。これを凝集過程といいます。

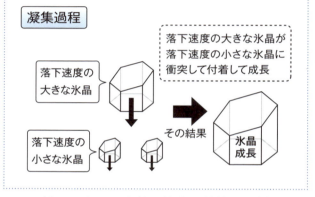

成長した氷晶の落下速度はその大きさや形によって違いがあり、氷晶が衝突し付着する割合も形や温度によって違います。

付着する割合は温度が高くなるにつれて増えていき、－5℃以上になると付着する確率が高くなります。この過程により、比較的大きな雪片（ぼたん雪）ができるのです。

雪が溶けるかどうかは温度と湿度しだい

このようにして氷晶というのは成長するのですが、いずれの場合も落下の途中に溶ければ雨となりますし、溶けなければ雪なのです。雪が溶けるか溶けないかの基準は気温だけではなく、湿度も関係しています。一般的に、相対湿度が100％に近いときには0～2℃ぐらいですが、湿度が50～60％と低い場合には4～5℃ぐらいでも雪は溶けずに地上に達する傾向があります。

雲？ それとも霧？

4-3 雲と霧

雲の種類

　空に浮かぶ雲にはたくさんの形や大きさをしたものがありますが、大きく分けて水平方向(横方向)に広がる**層状雲**と、鉛直方向(縦方向)に発達する**対流雲**の2つに分けることができます。さらに、その層状雲の中にも8種類の雲があり、対流雲の中にも2種類の雲があります。つまり、それらをすべて合わせると雲には10種類あることになり、それを**10種雲形**といいます。

種類		名称(俗称)	高さ(km)
層状雲	上層雲	巻雲(Ci) すじぐも 巻積雲(Cc) うろこぐも 巻層雲(Cs) うすぐも	5〜13km
	中層雲	高積雲(Ac) ひつじぐも 高層雲(As) おぼろぐも	2〜7km (高層雲は上層まで広がることもある)
	下層雲	層雲(St) きりぐも 層積雲(Sc) くもりぐも	地面付近〜2km
		乱層雲(Ns) あまぐも	雲底はふつう下層にあるが、雲頂は中・上層まで発達していることが多い
対流雲		積雲(Cu) わたぐも	0.6〜6kmまたはそれ以上
		積乱雲(Cb) にゅうどうぐも	雲底はふつう下層にあるが、雲頂は上層(圏界面付近)まで発達している

※雲のできる高さは、中緯度地方での目安

　上の表のように、対流雲には積雲(Cu)と積乱雲(Cb)の2種類があります。層状雲はまず雲のできる高さにより上層雲、中層雲、下層雲の3つに大きく分けることができ、その中に次のような全部で8種類の雲があるのです。

　上層雲：巻雲(Ci)、巻積雲(Cc)、巻層雲(Cs)
　中層雲：高積雲(Ac)、高層雲(As)
　下層雲：層雲(St)、層積雲(Sc)、乱層雲(Ns)　※カッコの中は国際記号を表す

(注意：この中の乱層雲に関しては、下層から中・上層まで発達することが多く、中層雲に分類されることもあります)

また、同じ上層雲でも高緯度に向かうにつれてその高さが低くなります。それは高緯度の圏界面（対流圏と成層圏の境目）が低くなるために、雲がそれより上層（成層圏は非常に安定な層のため）に入り込めなくなるからです。

　この10種類の雲の中で特に覚えておかなければいけない雲は、対流雲では積乱雲で、層状雲では乱層雲です。なぜこの2つの雲が大事なのかというと、それは雨を降らせるからです。

　積乱雲からは**しゅう雨**とよばれる雨が降り、俗にいう「夕立ちの雨」がこれにあたります。この積乱雲はその寿命が短いため、ここから降る雨の時間は短いのですが、非常に強い雨が降ります。このようなことから、この積乱雲から降る雨を**短時間強雨**ということもあります。また、非常に発達した積乱雲からは、このような短時間強雨のほかにも、落雷や突風、季節によっては降ひょうにも十分に注意しなければいけません。

　乱層雲からは**地雨（一様性降水）**とよばれる雨が降ります。俗にいう「しとしと雨」がこれにあたります。この乱層雲から降る雨は、積乱雲のように非常に強い雨を降らせることは少ないのですが、雲の寿命時間が長いため、ここから降る雨の時間も長くなります。

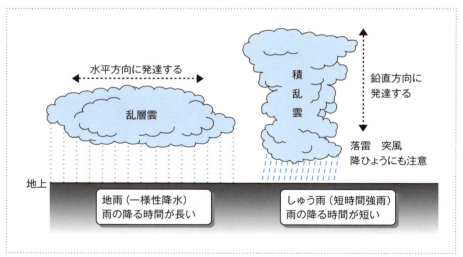

　巻雲や巻層雲などの上層雲は、その雲のできる位置が高く、雲の中の温度が低い（一般的に－25℃以下）ためにその大部分が氷晶からできています。また、雲の厚みはほとんどなく、だいたいが空が透けて見えるほどです。

そのような上層雲、おもに巻層雲が空を覆うと、太陽や月の暈をつくることがあります。これは、雲の中にある氷晶が、太陽や月の光をプリズム現象のように屈折させるために起こる現象なのです。

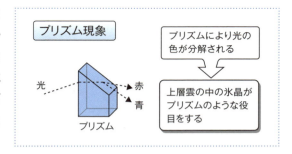

霧について

霧というのは、簡単にいうと地上にできた雲のようなものです。そのため、10種雲形の中ではこの霧は層雲に分類されています。この霧という現象によく似たものにもやという現象がありますが、この2つの違いは何なのでしょうか。それは視程の違いです。その視程が1km未満ならそれは霧であり、1km以上あればそれはもやとなるのです。

視程というのは大気中の透明度を距離で表したものであり、簡単にいうと大気中の見通しのことです。例えば、右図で学君の場所から100m離れた場所に大きな木がありました。しかし、その木から先が何らかの理由によって見えなければ、このときの視程は100mということになるのです。つまり、1kmより先が見えればそれはもや

とよばれて、1kmより先が見えなければそれは霧とよばれるのです。

また、霧というのは、霧粒（半径約0.1mm）という水滴の集まりなのですが、その霧粒がもし氷晶からできていれば、それは氷霧とよばれます。

この霧には、その発生理由から一般的に5種類の霧に分類されます。では、その5種類の霧についてお話ししていきましょう。

① 放射霧

よく晴れた風の弱い日の明け方頃に霧が発生することがありますが、この

霧を**放射霧**といalways。地球というのは昼間は太陽から熱エネルギーをもらうことになるので気温が上昇していくわけですが、夜間は太陽からエネルギーをもらうことができず、地球から熱エネルギーが出ていくばかりになります。そのため夜間は気温が下がる

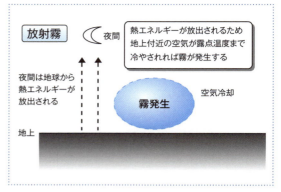

わけですが、そのときに、もし地上付近の空気の気温が露点温度まで低下すれば、霧が発生するのです。

空が雲に覆われていると、地球から出て行く熱がその雲に邪魔され、また風が強いと、ほかの場所にある相対的に暖かい空気とかき混ぜられてしまうため、気温の低下が弱くなり、この放射霧は発生しにくくなります。つまり、放射霧はよく晴れていて風の弱い日に起こりやすいのです。そして、気温が上昇すればこの霧のもととなる霧粒が蒸発するため、この放射霧は日の出とともに消滅します。

また、この放射霧は盆地で発生しやすいという性質があります。冷たい空気というのは暖かい空気よりも密度が大きく重いため、くぼんだ場所に水がたまるのと同じように、周囲を山地で囲まれた盆地に冷たい空気はたまりやすくなるからです。

②移流霧

水蒸気を含んだ暖かい空気が冷たい地表面（海面や地面）の上に移動した場合に、冷やされてできる霧のことを**移流霧**といいます。移流というのは、空気が水平方向に移動することです。なお、空気が鉛直方向に動くときには対流と

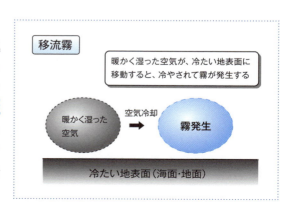

いう言葉を使うのが一般的です。

　南よりの風とともに流入してくる暖かい空気が、北側にある相対的に冷たい海面によって冷やされてできる海霧などがこの移流霧の代表です。

③蒸気霧（混合霧）

　暖かい水面上に接する空気はふつう、その水面により暖められており、またその水面から蒸発した水蒸気によって多湿（空気はその地表面の状況により性質が変化する）になっているものです。そこに比較的冷たい空気が流入してくると、水面上にもともとあ

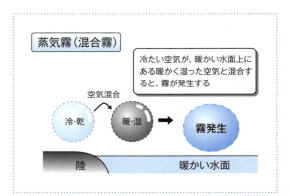

る暖かく湿った空気と混合することになります。つまり、暖かく湿った空気と冷たい空気の2つが混合するわけですから、そこで気温が低下したり水蒸気が供給されたりして飽和に達することがあり霧ができることがあります。この霧を**蒸気霧（混合霧）**といいます。

④前線霧

　まずこの霧が発生するためには、前提として、すでに温暖前線などにともなう長時間の降雨があり、地面にしみ込んだ水分などが蒸発して空気の相対湿度が高くなっている状態が必要です。

　そこへ、再び比較的高温の雨が降ってきたとします。極端な例ではありますが、お湯と水を比べた場合に、お湯のほうが蒸発が起こりやすいです。それと同じように、比較的高温の雨というのはどちらかといえば蒸発が起こりやすく、雨が降っている最中でもその一部

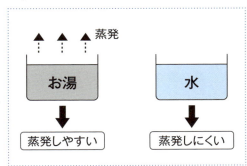

は地上に落下するまでに蒸発してしまうのです。

　つまり、ここでの空気はすでに降雨があり、相対湿度が高い状態、つまり空気中に水蒸気をたくさん含んでいる状態と仮定していましたから、そこへさらにこのような高温の雨の蒸発によって空気中の水蒸気が増えれば、飽和に達して霧ができることもあります。このような霧を前線霧といいます。

　閉めきったお風呂場でシャワーを使ってお湯を出したときに、もうもうと湯気がたちこめることがありますよね？　このシャワーの湯気こそが、この前線霧の発生の一番の身近な例になります。

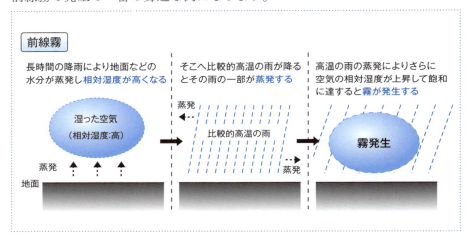

⑤ 上昇霧（滑昇霧）

　空気が山にぶつかるとその空気は行き場を失い、その山に沿って上昇していくことになります。そのときに、空気の温度が露点温度になるまで低下すれば雲ができます。ただし、山から遠く離れた場所にいる人にとってはこれは雲ですが、その場所にいる人にとってはこれは霧となります。このような霧を上昇霧（滑昇霧）といいます。

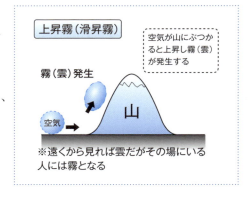

第 5 章

大気における放射

地球は太陽からエネルギーを受け取っている

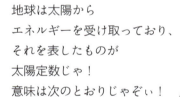

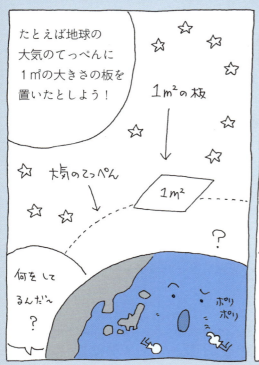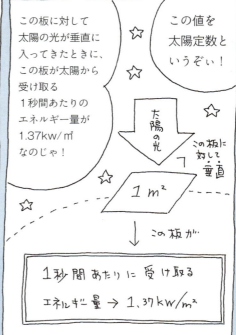

5-1 太陽放射について

太陽放射の緯度による違い

　地球の大気上端が受け取る太陽放射エネルギー量というのは一定ではなく、緯度によって変化するものです。では、地球を緯度別に見たときに太陽からエネルギーを最も受け取っている場所は、私たちのイメージする通り赤道付近（低緯度）なのですが、それは1年平均で考えた場合のことです。1日あたりで考えると、北半球では夏至（6月22日頃）の北極と、南半球では冬至（12月22日頃）の南極となります。不思議に思われるかもしれませんが、その理由は次のとおりです。

　夏至の頃の北極と冬至の頃の南極では、1日中太陽が沈まない**白夜**となります。そのため、赤道よりも太陽の光が照らしている時間が長いために、1日あたりで考えると最大となります。逆に、冬至の頃の北極付近と、夏至の頃の南極付近は1日中太陽が昇らない**極夜**となります。

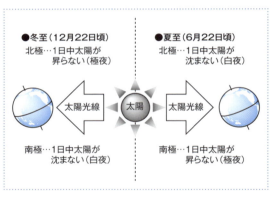

　では、1日あたりのエネルギー量は、夏至の北極と冬至の南極を比べた場合にはどちらのほうが大きくなるのでしょうか。それは冬至の南極のほうが大きくなります。その理由は、冬至の頃に地球が近日点を通過するからです。

　北半球の上空から見た場合に、地球というのは、太陽のまわりを反時計回りに1年をかけて回っています。そのときに太陽と地球の距離はいつでも同じわけではなく、季節によって距離に差ができます。地球と太陽の距離が最も短くなるのがほぼ1月3日であり、それを**近日点**といいます。逆に、地球と太陽の距離が最も長くなるのがほぼ7月3日であり、それを**遠日点**といい

ます。つまり、夏至の頃の北極と冬至の頃の南極とでは、冬至の頃のほうが地球と太陽の距離が短くなるために、1日あたりで受け取る太陽エネルギー量は冬至の頃の南極のほうが大きくなるのです。

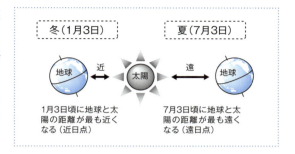

太陽の南中高度

太陽というのは、東の空から昇り（日の出）やがては西の空に沈んでいく（日の入り）わけですが、その間で太陽の高度には違いがあります。日の出、日の入りの瞬間が最も低くなるわけですが、逆に最も高くなるときが時間でいうと正午にあたり、そのときの太陽の高度を**南中高度**といいます。

また、太陽が最も高く昇っているとき（南中高度時）の太陽と地表面のなす角度を、特に**南中高度角**（α）とよび、そのときの角度は、**90度－緯度（ϕ）＋赤緯（δ）**という式で求めることができます。

赤緯というのは、地球の赤道面と太陽光線とのなす角度のことで、春分（3月21日頃）・秋分（9月23日頃）には0度となり、夏至（6月22日頃）には＋23.5度、冬至（12月22日頃）には－23.5度となります。

では、東京（北緯35度）での夏至の日と冬至の日の南中

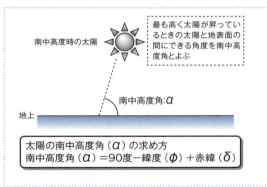

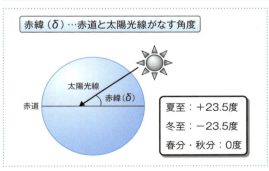

高度角を求めてみましょう。前ページの南中高度角を求める式より、夏至の日には90度－35度＋23.5度＝78.5度となり、また、冬至の日には90度－35度－23.5度＝31.5度となります。

つまり、太陽は、1年でいうと、夏の頃に最も高く昇るということになります。

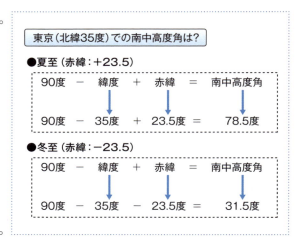

地表面が太陽から受け取るエネルギー量

　地球というのは、大気の上端で太陽から$1.37kW/m^2$というエネルギー量を受け取っていると、この章の冒頭で博士がお話ししていましたが、それはあくまでも大気の上端での話であり、地表面ではその値が違ってきます。

　その理由は、太陽の光というのは地表面に届くまでに、大気に吸収されたり雲などに反射されたりするからです。

　もし、大気による吸収や雲による反射などがないと仮定すると、地表面で受け取る太陽放射のエネルギー量は、太陽高度で決まります。太陽（太陽光線の方向）と地表面との間にできる角度、つまり**太陽高度角**をαとしたときに、地表面が受け取る$1m^2$、1秒間あたりのエネルギー量は、太

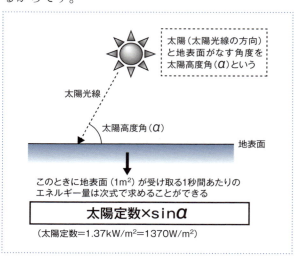

陽定数（1.37kW/m² = 1370W/m²）×sin※α という式で表すことができます。例えば、太陽高度角が90度のとき地表面が受け取るエネルギー量は、前ページの式より、1370W/m²×sin90°（sin90° = 1）= 1370W/m² となり、太陽高度角が30度のときは、1370W/m²×sin30°（sin30° = $\frac{1}{2}$）= 685W/m² となります。

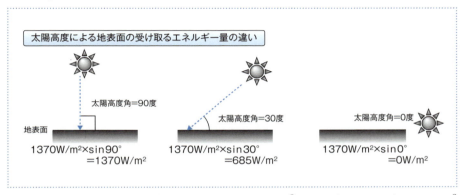

また、太陽高度角が0度のときは、1370W/m²×sin0°（sin0° = 0）= 0W/m² となります。つまり、この結果からわかることは、太陽高度が高くなればなるほど、地表面が受け取るエネルギー量が大きくなるということです。

※sin、つまり三角関数に関しては、第6章第6節「傾度風」を参照してください。

第5章 ● 大気における放射

人間の体も放射をしている

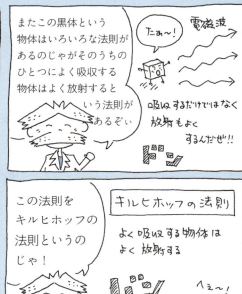

5-2 黒体について

☁ ステファン・ボルツマンの法則

物体を黒体と仮定したときに、そこになりたつ法則にはいくつか種類があるものなのですが、そのうちの1つが今からお話しする**ステファン・ボルツマンの法則**です。

どのような法則なのかというと、放射強度（I：1m²の面積に1秒間あたりに入射するエネルギー量）は黒体の絶対温度の4乗に比例するという法則です。記号で表すと、$I = \sigma T^4$となります。それぞれの記号の意味は、Iは先ほどお話しした放射強度のことであり、Tは絶対温度です。また、σ（シグマ）とはステファン・ボルツマン定数を意味し、その値は5.67×10^{-8} W/m²·K⁴で一定です。つまり、このσは一定で変化しないので、放射強度(I)は絶対温度(T)によってその大きさが変化します。

以上より、この法則は、もし絶対温度が2倍になるようなものなら、放射強度はその

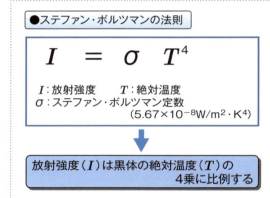

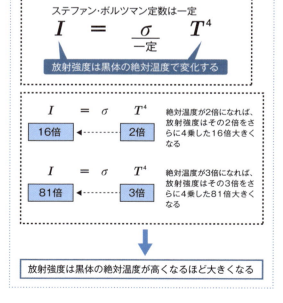

絶対温度の2倍をさらに4乗した分、つまり16倍だけ大きくなり、もし絶対温度が3倍になるようなものなら、放射強度はその絶対温度の3倍をさらに4乗した分、つまり81倍だけ大きくなるというものです。

つまり、この結果からいえることは、黒体である物体の絶対温度が高くなればなるほど、その放射強度は大きくなり、逆に絶対温度が低くなればなるほど、放射強度は小さくなるということです。

地球と太陽には黒体のあらゆる法則が成り立つ

地球と太陽というのはほとんど黒体とみなすことができますから、この2つには黒体のあらゆる法則がなりたちます。では、このステファン・ボルツマンの法則をその地球と太陽の話に当

てはめてみます。地球というのは、その表面温度が絶対温度で約300Kであり、太陽というのは、その表面温度が約6000Kです。

放射強度というのは絶対温度が高くなるほど大きくなるものですから、これだけみても太陽のほうが放射強度が大きくなりそうですが、もう少し具体的にみてみることにしましょう。

地球（約300K）に対して太陽の表面温度（約6000K）は20倍ということになります。ステファン・ボルツマンの法則によれば、絶対温度が20倍になれば放射強度はその絶対温度の20倍をさらに4乗した分だけ大きくなるものなので、太陽は地球の16万倍も放射強度が大きいことになるのです。

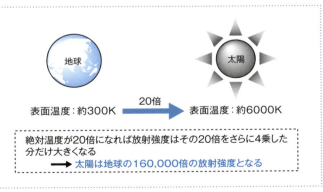

☁ ウィーンの変位則

ウィーンの変位則も物体が黒体と仮定したときになりたつ法則の1つです。数式で表すと、$\lambda_{max} = \frac{2897}{T}$ となります。

それぞれの記号の意味ですが、λ（ラムダ）は「波長」のことで、max（マックス）はそのまま英語を日本語訳した「最大」という意味になります。

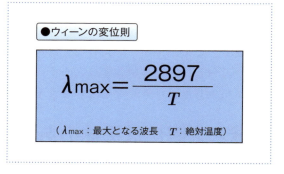

●ウィーンの変位則

$$\lambda_{max} = \frac{2897}{T}$$

（λ_{max}：最大となる波長　T：絶対温度）

つまり、この2つを合わせるλ_{max}（単位：μm）とは、「最大となる波長」という意味になるのです。また、Tは絶対温度を意味し、2897という値は定数です。

物体の放出する電磁波とは波を打っているもので、その波の山から山、または谷から谷の長さのことを**波長**とよび、その長さで電磁波は**紫外線**（UV）、**可視光線**（VIS）、**赤外線**（IR）の3つに分けることができます。

つまり、このウィーンの変位則の式の中のT（絶対温度）の部分に、その黒体の表面温度を代入することによって、黒体から放出される電磁波の中で、どの波長の電磁波のエネルギーが最大になるかがわかるのです。

では、ここに地球と太陽の表面温度を実際に当てはめて

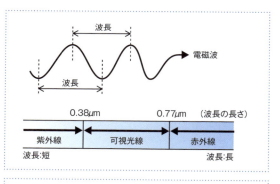

地球の表面温度は約300K

$$\lambda_{max} = \frac{2897}{T} = \frac{2897}{300}$$

＝約9.7μm → **赤外線領域**

太陽の表面温度は約6000K

$$\lambda_{max} = \frac{2897}{T} = \frac{2897}{6000}$$

＝約0.5μm → **可視光線領域**

みましょう。地球の表面温度は約300Kでしたから、$\lambda \max = \frac{2897}{300} \fallingdotseq 9.7$ となり、最もエネルギーの大きい電磁波の波長は約$9.7\mu m$となります。これは赤外線の波長領域となります。どの波長の長さがどの領域に当てはまるかは前ページの図を参照します。

また、太陽の表面温度は約6000Kでしたから $\lambda \max = \frac{2897}{6000} \fallingdotseq 0.5$ となり、最もエネルギーの大きい電磁波の波長は約$0.5\mu m$となります。これは可視光線の領域となります。

つまり、この結果から何がいえるのかというと、太陽のように表面温度が高ければ高いほど最大となる波長は短くなるものであり、逆に地球のように表面温度が低ければ低いほど最大となる波長は長くなることを表しています。

また、太陽放射、くわしくは太陽から放出される電磁波と地球放射、つまり地球から放出される電磁波の最大となる波長の長さを比べると、太陽放射のほうが短いのでそれを**短波放射**とよび、逆に地球放射のほうが長いのでそれを**長波放射**とよぶこともあります。

また、地球放射に関しては、その波長の長さから大部分が赤外線領域にあたるので、**赤外放射**とそのまま表現することもあります。

🌥 距離の逆2乗則

放射強度はその放射源からの距離の2乗に反比例するという法則があります。それを**距離の逆2乗則**といいます。

例えば、放射をする物体の距離が2倍になれば、その物体から入射する電磁波のエネルギー量、つまり放射強度はその距離の2倍をさらに2乗した分、つまり$\frac{1}{4}$倍だけ小さくなってしまいます。また、距離が4倍になれば、入射する電磁波のエネルギー量はその距

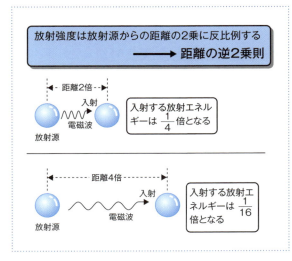

第5章 ● 大気における放射

離の4倍をさらに2乗した分、つまり$\frac{1}{16}$倍だけ小さくなってしまいます。

つまり、この結果から何がいえるのかというと、放射する物体からの距離が長くなればなるほど、入射する電磁波のエネルギー量は小さくなるということです。

この距離の逆2乗則は身近なところでもなりたつ法則です。例えばストーブからも電磁波というものが放出されているのですが、その電磁波を受けることにより私たちは暖かく感じます。そして、この暖かく感じる度合いこそが放

射強度のようなものです。つまり、ストーブに近づけば近づくほど、つまり放射強度が大きいとより暖かく感じるものであり、逆にストーブから離れれば離れるほど、つまり放射強度が小さいと寒く感じるものです。このストーブからの距離と私たちが暖かく感じる度合いには、実はこの距離の逆2乗則という法則が関係しているのです。

このようにして考えると、太陽と地球の距離は約1.5億kmも離れているにもかかわらず、この地球にまで太陽の暖かさが伝わるということは、太陽の放射エネルギーがものすごく大きいということを意味しているのです。

☁ 直達日射量と全天日射量

太陽光線はすべてがすべて地表面にまで届くわけではなく、あるものは雲などにより反射され、またあるものは空気の粒やエアロゾルによって散乱させられてしまいます。散乱とは、太陽光線が空気の粒やエアロゾルにぶつかるといろいろな方向に反射されることです。

太陽光線のうち、反射や散乱させられることなく、直接地表面に届いた太陽光線の示すエネルギー量のことを**直達日射量**といいます。また、その直達日射量に加えて、反射光や散乱光(散乱日射量ともいう)を足したものを**全天日射量**とよんでいます。

また一定の基準値(120W/m²)以上の直達日射量があった時間を**日照時間**

といいます。つまり、太陽が雲を通して見えていたとしても、基準値以上の日差しがない場合には日照時間としては計測されずに「日照なし」ということになるのです。この基準値の目安というのは、直達日射により物体の影が認められるかどうかで決まります。つまり、物体の影が認められるようならば、それは日照時間として計測されている目安になるのです。

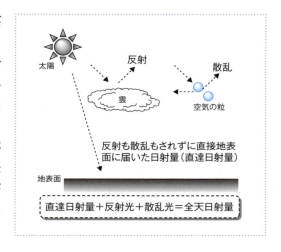

エアロゾルによる日傘効果

　火山噴火などにより空気中にエアロゾルが増えると、そのエアロゾルによって太陽光線がより散乱されるため、散乱日射量は増えますが、その分地表面まで直接届く直達日射量は減少します。これを日傘効果といいます。

　つまり、この日傘効果により地表面まで直接届く日射量が減少するため、地上付近では気温低下の効果が生まれるのです。

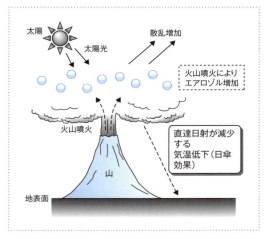

　また、直達日射量は上記のように火山噴火のエアロゾルの増加に伴う散乱や雲による反射のほかにも、黄砂、大気汚染物質などのエアロゾルによる散乱、水蒸気やオゾンによる吸収によっても変動するものであり、直達日射量の最大値は日本付近で考えた場合、よく晴れた日の正午頃でその値は $0.9kW/m^2$（$900W/m^2$）程度の大きさになります。

地球では熱エネルギーの出入りがつり合っている！

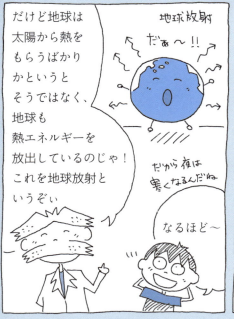

もし太陽から受け取る熱エネルギー（太陽放射）のほうが大きかったら地球は暖まりすぎてしまい、逆に地球から出て行く熱エネルギー（地球放射）が大きかったら地球は寒くなりすぎてしまうのじゃ

そして太陽から受け取る熱エネルギーと地球から出て行く熱エネルギーが等しい状態のことを放射平衡とよび、そのときの地球の温度のことを放射平衡温度というのじゃ

その2つが等しいから地球の平均気温が保たれているのじゃ！

この放射平衡温度を計算で求めると255K（−18℃）となるのじゃが、この結果は実際の地表面付近の平均気温288K（15℃）よりもずっと低いのじゃ！

ではこのあたりについてくわしくお話ししていこうかの

5-3 放射平衡温度

エネルギーのやり取り

　地球に入射してくる熱エネルギー量と地球から出ていく熱エネルギー量が等しいと先ほど博士がお話ししていましたが、ここではもう少しくわしくその熱の出入りについてお話ししていきます。

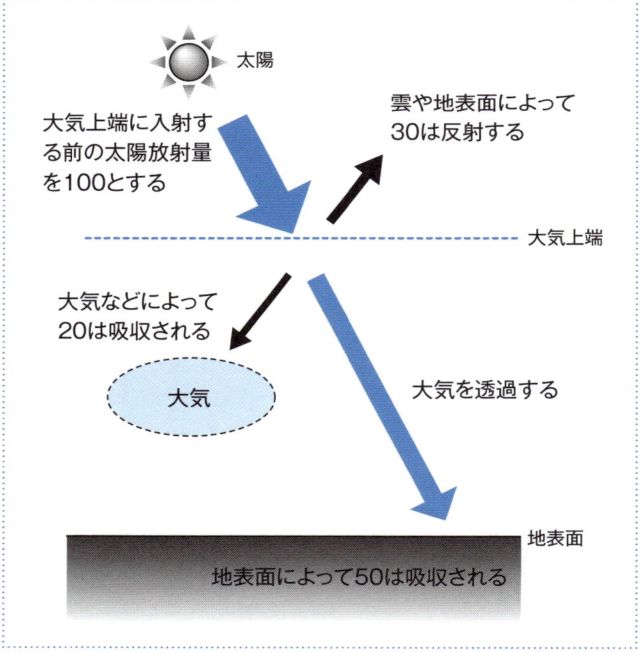

　地球の大気上端に入射する前の太陽放射量が仮に100の状態（右図参照）だったとして、これが地球の中でどのような経路をたどっていくのかをいまからみていきます。

　まず、この100ある太陽放射量の中の30は雲や地表面などによって反射されて、そのまま宇宙に戻っていきます。

　次に、その雲や地表面などにより反射された量30を除く、残り70の太陽放射量の中の20は大気などによって吸収されます。

　そして、残りの50は大気を透過※して、最終的には地表面によって吸収されます。

　そう考えると地球に入射してきた太陽放射というのは、その半分が地表面によって吸収されることになります。真夏のビーチで、裸足では歩けないぐ

※電磁波が物体の内部を通り抜けること

らい砂浜が暖まるのは、地表面が太陽放射の半分も吸収しているからなのです。

☁ 地球放射

このように、地球は太陽から太陽放射という熱エネルギーを受け取っていることになるのですが、熱エネルギーを受け取るばかりかというとそうではなくて、

地球自身も<u>地球放射</u>という熱エネルギーを宇宙に放出しているのです。では、次にその地球放射についてみていきます。

この地球では地表面や大気などが実際に地球放射をしているのですが、地表面から放出された地球放射は、そのまま宇宙に出ていくのではなくてそのほとんどは地球の大気により吸収されてしまうのです。

くわしくいうと、地球の大気の中でもおもに水蒸気(H_2O)や二酸化炭素(CO_2)という気体によって吸収されるのですが、この気体のことを温室効果気体といいます。このほかにも温室効果気体にはメタン(CH_4)や一酸化二窒素(N_2O)、フロンなどがあり、あとオゾン(O_3)もこれにあたります。

この温室効果気体の中で最大の温室効果をもつ気体は、その絶対量が多い水蒸気や二酸化炭素なのですが、もし同一数で比べた場合、メタンは二酸化炭素の25倍も効果があります。

地表面付近の気温を上げる温室効果

このような温室効果気体によって地表面から出た地球放射のほとんどは吸収されてしまうのですが、その地球放射を吸収した大気は、吸収したままではなく、そこから下向きと上向きに再放射をするのです。

このうち上向きに再放射されるものに関しては、そのまま宇宙に出ていくだけなので特に問題はないのですが、下向きに再放射をするということは、

地表面から宇宙に放出しようとした熱が、その大気による下向きの再放射によって再び戻ってくることになり、地表面付近の気温は上昇することになります。これを**温室効果**といいます。

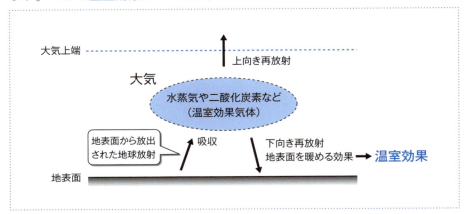

そして、温室効果などいろいろな効果を含めて、最終的に地球は70という地球放射量を宇宙に放出しているのです。

この70という数字はどこからきたかというと、太陽放射を地球が吸収した分、つまり大気が吸収した20と地表面が吸収した50を足したものになります。つまり、地球が吸収した太陽放射と地球から放出される地球放射が等しいことになるのです。

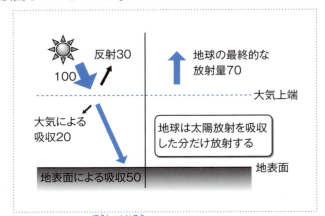

これが**放射平衡**の状態であり、このときの地球の温度を**放射平衡温度**といいます。

もし、この地球の放射平衡温度を温室効果を考えずに計算して求めると、冒頭で博士がお話ししていたように、255K（－18℃）になってしまうのですが、そこに温室効果を考慮することによって、地球の地表面付近の平均気温は実際の288K（15℃）まで上昇するのです。

温室効果があるから生物が棲める

つまり、温室効果というものがもしなければ、地球の気温は氷点下の－18℃になってしまって、とても多様な生物の棲めるような環境ではなくなってしまいます。この温室効果があるからこそ、地球というのは暖められて、平均気温15℃という生物にとって比較的過ごしやすい環境を保つことができるわけなのです。

電磁波の種類の違い

ここでひとつ疑問に思うかもしれません。地球放射は地球大気によってそのほとんどが吸収されてしまうのですが、なぜ太陽放射に関してはその半分もが大気に吸収されずに透過することができるのでしょうか。それは、太陽放射と地球放射の電磁波の種類が違うからなのです。

太陽放射というのはウィーンの変位則からもわかるように、その大部分が可視光線の領域にあります。それに対して、地球放射は大部分が赤外線です。つまり、地球大気は可視光線に対してはほとんど透明、つまり吸収せず逆に赤外線に対してはほとんど吸収してしまうという性質があるのです。

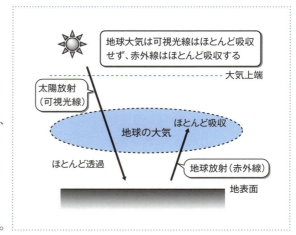

このように、地球放射というのはその大部分が赤外線の領域にあたるので、地球大気によってほとんど吸収されてしまうのですが、その赤外線の中でも波長が11μmあたりを中心とした、8〜12μmの波長領域では大気による吸収が弱い部分があります。この波長領域を**大気の窓領域**といいます。つまり、この波長領域の赤外線は大気によってほとんど吸収されることがなく、

地球の大気外に到達することを意味するのです。

☁ アルベド

アルベドとは、ひと言でいうと反射率を表す言葉で、物体に入射してくる放射量に対して反射する放射量の比率（$\frac{反射放射量}{入射放射量} \times 100 [\%]$）を表したものです。

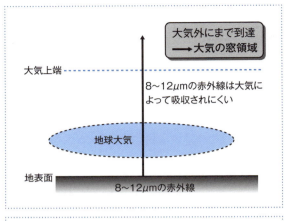

例えばそれを地球で考えると、地球に入射してくる太陽放射量を仮に100とすると、雲や地表面によって地球全体で反射される放射量は30となり、アルベドは$\frac{30}{100} \times 100 = 30\%$になります。

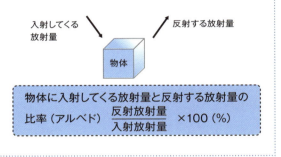

これはあくまで地球全体で考えた場合のアルベド、つまり**プラネタリーアルベド**ということになるのですが、雲や地表面などのアルベドはそれぞれに違うものであり、そのときの状態によっても変化するものなのです。

つまり、同じ雲でもその雲が厚ければ厚いほどアルベドは大きくなりますし、地表面においても草地や森林地に比べて、砂漠や雪面のほうが大きくなります。また、同じ海面でも太陽高度が低くなるほどアルベドは大きくなります（くわしい値は右表参照）。

	アルベド（%）
厚い雲／薄い雲	70～80／25～50
裸地・草地・森林地	10～25
砂・砂漠	25～40
新雪／旧雪	79～95／25～75
海面（高度角25°以下）	10～70
海面（高度角25°以上）	10以下

このアルベドという言葉は基本的に反射率を表したものですから、色に大

きく依存します。つまり、物体の色が白ければよく反射する、言い換えると反射率は高くなりますし、逆に黒ければよく吸収する、言い換えると反射率は低くなるのです。夏に白い服をよく着るのは、太陽の光をよく反射してくれるからです。

例えば地表面が雪面で覆われたりして地表面状態が変化すると、地球全体のアルベド（反射率）が増加し、地上付近の温度の低下につながります。アルベドが増加すると、その地表面により太陽光線を反射する割合が大きくなるのでその分だけ地表

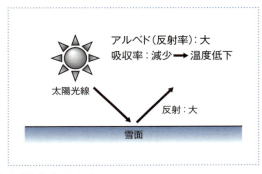

面による太陽光線を吸収する割合が減少するからです。

放射対流平衡

地球というのは、太陽から熱をもらうだけではなく地球自身も熱を放出しており、その2つが等しい、つまり放射平衡の状態にあるために平均気温が一定に保たれているわけなのですが、この放射平衡の状態で温度の高度分布を計算すると、右図の破線----のようになります。対流圏では、気温というのは高度とともに低下するものですが、この図で高度10kmあたりから気温が上昇するのは成層圏の存在を意味します。成層圏の気温上昇の理由はオゾンによる太陽紫外線の吸収

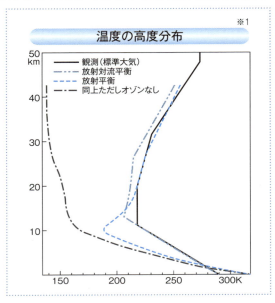

※1）出典：小倉義光、一般気象学（第2版）、東京大学出版会、1999、p.123. S.Manabe and R.F.Stricker, 1964:*J.Atmos.Sci*.,21,361-385

です。事実オゾンがない場合の計算結果(一点鎖線----)をみると、成層圏に対応するものがありません。

　この図では実際の観測結果を実線——で表しているのですが、放射平衡だけで計算された結果は、これと比べると大きく異なります。特に目立つのは対流圏(この図だと10kmくらいまで)での気温変化の割合が、放射平衡の計算結果のほうが大きいのです。第3章のところでお話ししましたが、気温変化の割合(2地点間の気温差)が大きくなるほど大気というのは不安定になりますから、放射平衡だけで考えた場合の大気というのは、実際の大気よりもずっと不安定な状態になります。

気温差を小さくする対流

　不安定な大気というのは図でイメージすると下に暖かい空気があり、上に冷たい空気があるもので、それを入れ換えるために対流(上昇流と下降流)を発生させます。つまり、暖かい空気を上昇させることにより上の空気を暖めようとし、冷たい空気を下降させることにより下の空気を冷やそうとするのです。この対流には、その大気の気温差を小さくする効果があるのです。

　以上より、大気を放射平衡の状態だけで考えると、気温変化の割合が実際より大きく不安定な状態になるので、ここに対流(気温差を小さくする効果)を考慮して計算すると、先ほどの図の二点鎖線----で示した結果となり、実際の観測結果とよく一致するのです。これを**放射対流平衡**の状態といいます。

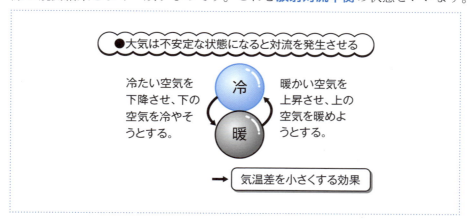

太陽光線はいろいろな方向に反射されている

太陽光線の波長がぶつかる粒子の半径よりずっと大きい場合に生じる散乱をレイリー散乱というのじゃ！この影響で空が青く見えたり、夕焼け空が赤や橙色に見えたりするぞぃ！

レイリー散乱

太陽光線の波長 ＞ 粒子の半径
※ 空が青色に見えたり夕焼け空が赤・橙色に見える

お〜！

次に太陽光線の波長とぶつかる粒子の半径がほとんど同じような場合に生じる散乱のことをミー散乱というのじゃ！この影響で雲が白く見えるぞぃ！

ミー散乱

太陽光線の波長 ＝ 粒子の半径
※ 雲が白く見える

きゃ〜！

最後に太陽光線の波長がぶつかる粒子の半径よりずっと小さい場合に生じる散乱のことを幾何光学的散乱というのじゃ！この影響で虹が見えるぞぃ！

幾何光学的散乱

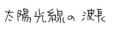
太陽光線の波長 ＜ 粒子の半径
※ 虹が見える

な、なんと！

どうじゃ すごいじゃろ
うん 驚いた！
ハァハァ
ドキドキ

じゃあこのあたりについてくわしくお話ししていくよ
すごく面白そうだなぁ！

5-4 散乱

散乱の種類

☁ レイリー散乱

　太陽光線(電磁波)の波長が、衝突する粒子の半径より非常に大きい場合に生じる散乱のことを**レイリー散乱**といいます。ここで対象となる粒子は空気の粒です。空気の粒というのはその半径が小さいものであり、それに比べて太陽光線の波長はずっと大きいので、この空気の粒に太陽光線が衝突するとレイリー散乱が生じるのです。

　このレイリー散乱には、散乱光の強度はその電磁波の波長の4乗に反比例するという性質があります。例えば、波長がもし2倍になれば、散乱光の強度はその2倍をさらに4乗した分、つまり$\frac{1}{16}$倍だけ小さくなります。また、もし波長が3倍になれば、散乱光の強度はその3倍をさらに4乗した分、つまり$\frac{1}{81}$倍だけ小さくなり

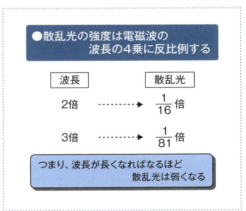

ます。要するに、その電磁波の波長が長くなればなるほど散乱光の強度はより小さくなり、逆に電磁波の波長が短くなればなるほど散乱光の強度は大きくなるのです。では、なぜそのように波長によって散乱光の強度に差ができるのでしょうか。

　空気というのは目には見えませんが、窒素や酸素の粒といった、いわば空気の粒などからできているものなのです。そんな空気の中を電磁波が進んでいく場合に、その電磁波の波長が短いと、どちらかといえば直線的に進むことになります。そのため、空気の粒にぶつかりやすく散乱されやすいので、強度が大きくなるのです。

逆に電磁波の波長が長いと、どちらかといえば曲がりくねりながら進むことになるので、空気の粒にぶつかりにくく散乱されにくいので、強度が小さくなるのです。

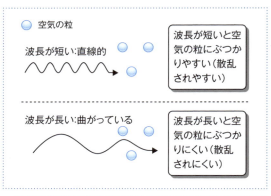

太陽光線というのは、その大部分が可視光線の領域（0.38〜0.77μm）にあたるのですが、この可視光線の中でも、波長によって色が異なっています（右図参照）。太陽の光というのは、普段はこれらの色がすべて混ざっているために、色

が混ざるほど透明または白色になるという光の性質から、透明で色がないように見えるのですが、この中のどれかの色（波長）の光が散乱などによって強く反射すると、その特定の色（波長）の光が目に入ることになり、私たちは色として識別しているのです。

例えば、空が青く見えるのはこの理由からであり、レイリー散乱の特性から考えると太陽光線が空気の粒に衝突したときに強く散乱されるのは、同じ可視光線の中でも波長の短い紫色や青色なのです。

理論から考えると可視光線の中で最も波長の短い光は紫色であり、散乱も強くなるので空は紫色に見えないとおかしいのですが、そのエネルギーが青

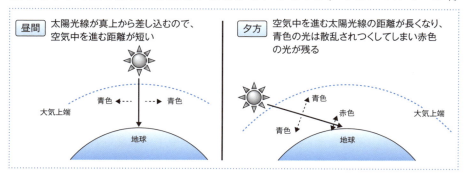

色の光よりももともと少ないために、空は紫色ではなく青色となるのです。

　では、なぜ夕焼け空は赤色や橙色に見えるのでしょうか。夕方頃になると太陽が西の空に傾き、太陽光線が斜めから差し込むようになります。昼間は太陽が真上にあるので、太陽光線の空気中を進む距離は短いのですが、このときは太陽光線が空気中を進む距離は長くなります。この場合も先に散乱されるのは波長の短い紫色や青色の光なのですが、太陽光線の進む距離が長くなったために、地上に届くまでに紫色だけでなく青色の光も散乱されつくしてしまい、最終的に残るのが、可視光線の中でも波長の長く散乱の弱い赤色や橙色の光なのです。これが夕焼け空や朝焼け空が赤色や橙色に見える理由なのです。

☁ ミー散乱

　太陽光線の波長が、衝突する粒子の半径とほぼ同じぐらいのときに生じる散乱のことを**ミー散乱**といいます。ここで対象となる粒子は雲粒やエアロゾルです。

　このミー散乱では、散乱の強度はあまり電磁波の波長に依存しないという特徴があります。つまり、太陽光線が雲粒やエアロゾルにぶつかると、可視光線の中の青色や緑色や赤色といったさまざまな波長の光が散乱されることになり、それらが混ざり合うことによって白色に見えるの

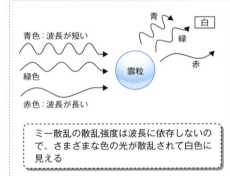

ミー散乱の散乱強度は波長に依存しないので、さまざまな色の光が散乱されて白色に見える

です。そのため、空気中にエアロゾルが多く雲や空気が汚れた日にはこのミー散乱がよく起こり、空が白っぽく見えるのです。

☁ 幾何光学的散乱

　太陽光線の波長が、衝突する粒子の半径よりずっと小さいときに生じる散乱のことを**幾何光学的散乱**といいます。ここで対象となる粒子は雨粒です。

　この幾何光学的散乱によって空に虹が現れるわけなのですが、太陽光線が雨粒の中に入り込むと、その雨粒の中を2回の屈折（光が折れ曲がること）と

1回の反射をするようになります（右図参照）。可視光線はその波長の長さによって色が分かれているのですが、それぞれの波長により屈折する角度が少しずつ異なり、波長の短い光ほど屈折する角度が大きいという性質があります。

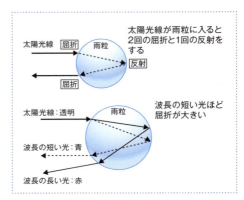

つまり、太陽光線が雨粒に入る前はいろいろな光が混ざっていて透明に見えていたのですが、雨粒の中に入ると光の種類によって屈折する角度が違うことから、再び太陽光線が雨粒から出てくるときには、可視光線の中のそれぞれの光の色（紫・青・緑・黄・橙・赤）に分解されるのです。これが虹の見える理由です。

なお、可視光線の光の色はここでは6色に表現していますが、紫色と青色の間に藍色を含めると虹の7色となります。

紫外線の種類について

ひとことで紫外線（UV）といっても、実はその種類は**UV-A**、**UV-B**、**UV-C**の3種類（詳細は右図参照）に分けることができます。

この中でUV-Aの紫外線の波長が0.315μm～0.4μmと最も長く、生物に与える影響

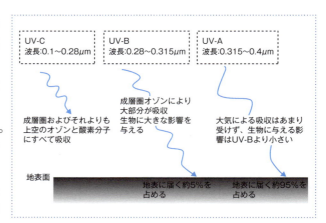

は小さいのですが、大気による吸収をあまり受けずに地表面まで届き、地表に届く全紫外線の約95％に相当します。屋外での日焼けのおもな原因は地表面までわずかに届くUV-Bで、地表に届く全紫外線の約5％に相当します。

第 6 章
大気の運動

風の正体って……？

じゃあ学君 この第6章ではまず風速と風向についてお話ししていくよ

この第6章は風の話がメインだね！

そうじゃ！この第6章では風の話がメインとなるのじゃ！風とはそもそも空気が水平方向（横方向）に移動することをいうぞい！

へぇーそうなんだ

その風はどのくらいの速さで吹いているのか（風速）またどの方向から吹いてくるのか（風向）という2つの要素で表されるのじゃ！

風は…
○どのくらいの速さで吹いてくるのか（風速）
○どの方向から吹いてくるのか（風向）
↓
2つの要素で表される

うんうん

まず風速とは一般的に1秒間あたりに空気が何m進むかという秒速（m/s）で表されるものなのじゃ！

なるほど〜

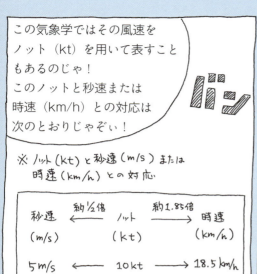

6-1 天気図

気象学で使う天気図

　気象学で使う天気図には大きく分けて**地上天気図**（ASAS）と**高層天気図**（AUPQ）の2種類があります。普段私たちが天気予報などで見ている天気図というのは一般的に地上天気図なのですが、天気を予測する場合には地上だけでなく、高層天気図という高度の高い場所の天気図にも注目していかないといけないのです。

☁ 地上天気図

　地上天気図(右図参照)というのはその名のとおり地上の気圧配置、つまり気圧の分布を表したものです。そして、この天気図に描かれている実線の名称を**等圧線**といい、気圧の等しいところを結んだ線です。また、この等圧線は一般的に4 hPaごとに描かれています。

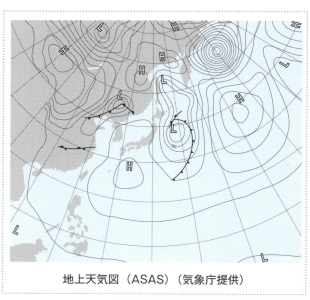

地上天気図（ASAS）（気象庁提供）

気圧の尾根と気圧の谷

　この天気図の中のHと書かれた記号は高気圧の意味であり、周囲に比べて気圧が高い場所を表しています。また、Lと書かれた記号は低気圧の意味であり、周囲に比べて気圧の低い場所を表しています。

高気圧から等圧線が張り出している部分というのは、高気圧の勢力が張り出している部分でもあり、周囲に比べて気圧が高くなっています。そのような理由から、この部分を**気圧の尾根**（**リッジ**）といいます。逆に、低気圧から等圧線が

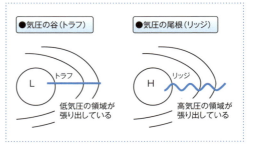

張り出している部分は、低気圧の領域が張り出している部分でもあり、周囲に比べて気圧が低くなっています。この部分を**気圧の谷**（**トラフ**）といいます。
　また、この地上天気図はその名前が「地上」天気図というだけあって、高度がどこでも一定であることから**等高度面天気図**とよばれることもあります。

🌥 高層天気図

　高度の高い場所の気象要素を表した天気図を高層天気図（右図参照）といいます。この高層天気図には一般的に使用されているもので850hPa、700hPa、500hPa、300hPaの4種類があります。右図は500hPaの高層天気図です。
　この高層天気図の中にも実線が描かれて

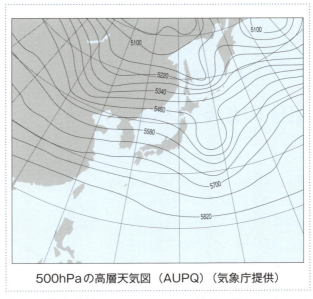

500hPaの高層天気図（AUPQ）（気象庁提供）

いるのですが、この実線の名称が等高度線というもので、高度の等しいところを結んだ線です。この等高度線は60mごとに描かれています。ただし、300hPaの高層天気図のみ120mごとです。
　右上の図は高層天気図の中でも500hPaのものを例にあげていますが、名前が「500hPa」の高層天気図というだけあって、気圧がどこでも500hPaで

一定です。このような理由から、高層天気図を**等圧面天気図**ということもあります。そして、500hPaになる高さはどのくらいになるのかという意味で、等高度線という高度を表す情報がこの高層天気図には描かれています。

この高層天気図をみるうえで大事なことがあります。それは同じ500hPaの高層天気図でも500hPaになる高度の高いところは気圧の高いことを表し、逆に500hPaになる高度の低いところは気圧の低いことを表しています。では、なぜそのようになるのでしょうか。

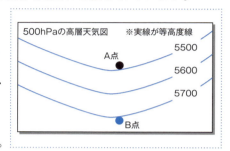

右上の図のように、500hPaの高層天気図の中に等高度線が描かれており、図のA点ではそれが5500mに対応し、B点では5700mに対応しているとします。この等高度線というのは500hPaになる高さを意味していましたから、A点では500hPaになる高さが5500mになり、B点では500hPaになる高さが5700mとなります。このように、同じ500hPaの気圧であっても、その高さというのは場所によって違うのです。

気圧の差を比べる

ここで、気圧の差を比べるときの「ルール」のようなものをお話ししておきます。それは、同じ高さで比べないと気圧の差はわからないということです。つまり、500hPaになる高さがA点やB点のように違うと、その

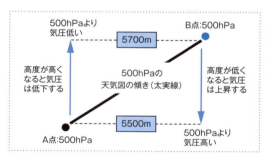

両地点の気圧の差は比べることができないのです。

では、A点の気圧が500hPaとなる5500mでA点とB点の気圧を比べると、A点では500hPaなのですが、B点では5700mで500hPaになりましたから、それよりも高度の低い5500mでの気圧は500hPaよりも上昇することになります。気圧は高度が低くなると高くなるからです。つまり、同じ5500mの

高さで比べた場合、500hPaになる高度の低いA点では気圧が低くなります。

同じように、今度はB点の気圧が500hPaとなる5700mで比べると、B点では500hPaですがA点では5500mで500hPaになりましたから、それよりも高度の高い5700mでは500hPaよりも気圧が低下することになります。気圧は高度が上昇すると低くなるからです。つまり、同じ5700mの高さで比べた場合、500hPaになる高度の高いB点では気圧が高くなります。

このようなことから、この高層天気図では、同じ500hPaの高層天気図でも500hPaになる高度の高いところは気圧が高いこと、高度の低いところは気圧が低いことを表していることになります。ここでは500hPaの高層天気図を例にあげていますが、これ以外（850hPa、700hPa、300hPa）の高層天気図にもいえることです。

以上より、この高層天気図では、高度の差というものが気圧の差のようなものを表していることになります。

高層天気図における気圧と高度の関係

高層天気図には先ほどもお話しした通り、一般的に850hPa、700hPa、500hPa、300hPaの4種類があります。

高層というだけあって、4つの気圧（850hPa、700hPa、500hPa、300hPa）の天気図に対してそれぞれの高さがありますので、それは知っておく必要があります。

まず気圧は高度が高くなるほど低くなるものであり、それぞれ850hPaは約1500m、700hPaは約3000m、500hPaは約5500m、300hPaは約9000mになります。ちなみに地上天気図は地上0mの天気図であり、気圧は約1000hPaになります。

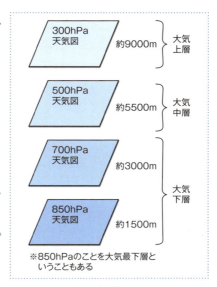

※850hPaのことを大気最下層ということもある

また、850hPa、700hPaを大気下層、500hPaを大気中層、300hPaを大気上層として区分することがあります。

気圧傾度について知っておこう！

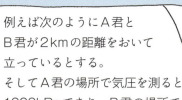
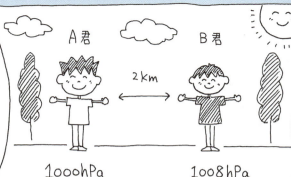

例えば次のようにA君とB君が2kmの距離をおいて立っているとする。
そしてA君の場所で気圧を測ると1000hPaであり、B君の場所で気圧を測ると1008hPaだったとしよう
ではこのときの気圧傾度はどのくらいになるかというと……

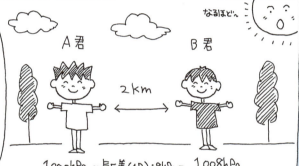

まず
このA君とB君のあいだの気圧差は8hPaとなる

そして、この気圧差を2kmという距離で割ると4hPa/kmという気圧傾度になるのじゃ！

このようにして気圧傾度は求められるのじゃが
今回の4hPa/kmという気圧傾度の意味は1kmあたり4hPaの割合で気圧が変化することを表しておる

では
このあたりについてくわしくお話ししていこうかの

らじゃ～！

6-2 気圧傾度

2地点間の気圧変化の割合

気圧傾度とは先ほど博士がお話ししていたように、2地点間の気圧変化の割合を表したものであり、記号で表すと $\frac{\Delta P}{\Delta n}$（$\Delta P$：気圧差　Δn：距離）となります。つまり、気圧差ΔPを、距離Δnで割ったものです。

地上天気図上でその気圧傾度を求めるときの注意点についてお話ししましょう。右の図のように、等圧線（実線）が引かれているものとします。

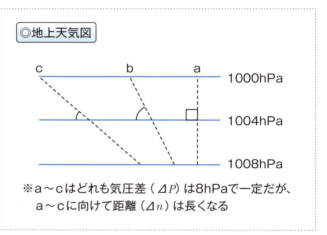

等圧線の間隔は一般的に4hPaごとに引かれているものですから、右の図のa～cの点線のように、等圧線に対していろいろな角度（aからcに向けて等圧線と交わる角度は小さくなりaの角度は直角とする）で距離をとったとしても、気圧差はこの場合a～cのどれも一定で8hPaです。

確かに、この場合の気圧差はどれも一定なのですが、その気圧差（ΔP）を距離（Δn）で割った気圧傾度（$\frac{\Delta P}{\Delta n}$）というのは、a～cの距離が違う（aからcに向けて長くなる）分だけ変わってきます。

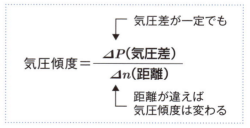

このような理由から、この気圧傾度を地上天気図上で求めるときは、必ず等圧線に直角に交わるような距離（上図ではaとなる）をとってもらい、その

間の気圧差をその距離で割ることによって気圧傾度を求めます。

　これは地上天気図での話ですが、高層天気図では高度差が気圧差みたいなものを表していますから、2地点間の高度変化の割合が高層天気図上での気圧傾度を表していることになります。これを求めるときも必ず等高度線に直角に交わる距離をとり、その間の高度差をその距離で割ることによって2地点間の高度変化の割合(高層天気図上での気圧傾度)を求めることができます。それを記号で表すと、$\frac{\Delta Z}{\Delta n}$($\Delta Z$:高度差　Δn:距離)となります。

2地点間の温度変化の割合

　気圧傾度と似ている言葉に**温度傾度**があります。この温度傾度には2地点間の温度変化の割合という意味があり、簡単にいうと2地点間の温度差です。記号で表すと$\frac{\Delta T}{\Delta n}$($\Delta T$:温度差　Δn:距離)になります。

温度傾度…2地点間の温度変化の割合

$$\frac{\Delta T(温度差)}{\Delta n(距離)}$$

　例えば右図のように等温線(破線)が引かれており、A点を通る等温線が3℃でB点を通る等温線が9℃であるとします。また、このA点とB点の距離を等温線に直角に交わるように取ったとき、500kmだったとします。このときの温度傾度はA点とB点の温度差が6℃(ΔT)であり、その距離が500km(Δn)であることから6℃/500kmとなり、0.012℃/kmとなります。つまりA点とB点においては距離1kmあたり0.012℃温度が変化するということがわかります。

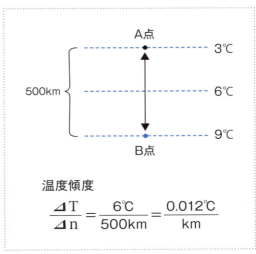

温度傾度

$$\frac{\Delta T}{\Delta n} = \frac{6℃}{500km} = \frac{0.012℃}{km}$$

空気塊は気圧の高いほうから低いほうへ進む

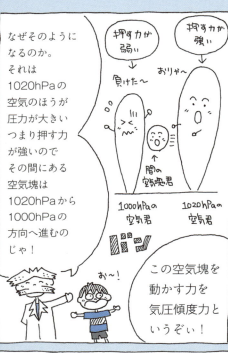

6-3 気圧傾度力

☁ 気圧傾度力とは

物体を動かすときには、必ず何らかの「力」が必要です。自動車はエンジンが力を加えて動かすものですし、ペンやコップなどは私たち人間が直接力を加えて動かすものです。そして、空気の場合は、気圧の差によって生じる**気圧傾度力**という力がはたらくことにより動くもので、風の吹く理由となります。このようなことから、気圧傾度力を風の原動力といいます。

この気圧傾度力にも、先ほどの気圧傾度と同じように水平方向の気圧傾度力と第3章の静水圧平衡のところでお話しした鉛直方向の気圧傾度力があるのですが、いまお話ししているものは、水平方向の気圧傾度力です。一般的に気圧傾度力というと水平方向の気圧傾度力を指します。

この気圧傾度力を記号で表すと、$-\dfrac{1}{\rho} \times \dfrac{\Delta P}{\Delta n}$（$\rho$：空気の密度　ΔP：気圧差　Δn：距離）と表すことができます。

気圧傾度力は、気圧の高い側から低い側に空気塊を動かす力のことなので、気圧の低下する方向にはたらきます。記号の頭に−の符号がついているのは、気圧傾度力がどれだけ気圧の低下する方向にはたらくのか、という意味によるものです。

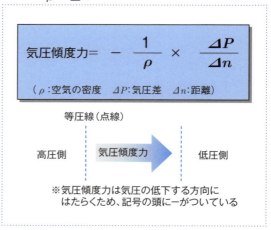

気圧傾度力 $= -\dfrac{1}{\rho} \times \dfrac{\Delta P}{\Delta n}$

（ρ：空気の密度　ΔP：気圧差　Δn：距離）

等圧線（点線）

高圧側　気圧傾度力　低圧側

※気圧傾度力は気圧の低下する方向にはたらくため、記号の頭に−がついている

気圧傾度と気圧傾度力の違い

この気圧傾度力の中の $\dfrac{\Delta P}{\Delta n}$ のところに注目してください。これは気圧傾度を表す記号です。つまり、この気圧傾度の分子にある気圧差（ΔP）をさらに

空気の密度（ρ）で割ったものに－の符号をつけたものが気圧傾度力となります。

気圧傾度と気圧傾度力は言葉こそ似ていますが、意味するところは違うのです。

この気圧傾度力の記号をみれば、気圧傾度力という力がどのようなときに大きくはたらくのかがわかります。

まず、気圧傾度力の記号の中には先ほどもお話ししたように、気圧傾度を表す記号（$\frac{\Delta P}{\Delta n}$）がありますから、この気圧傾度力は気圧傾度が大きくなればなるほど、同じように大きくなります。

では、どのようなときにその気圧傾度が大きくなるのかというと、①距離（Δn）が一定なら、気圧差（ΔP）が大きくなるほど大きくなり、②気圧差（ΔP）が一定なら、距離（Δn）が短くなるほど大きくなります。また、この①と②の考え方を足すと、③距離（Δn）が短く、さらにその距離間の気圧差（ΔP）が大きいほど気圧傾度は大きいことになります。

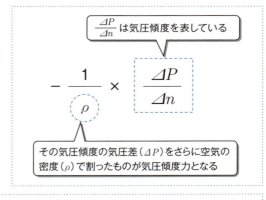

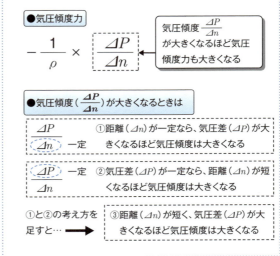

このように、気圧傾度が大きくなるほど気圧傾度力も大きくなるものなのですが、これをいい換えると、気圧傾度がない状態、つまり２地点間の気圧変化の割合、気圧差のない状態のときは気圧傾度力も、そこにははたらかないということになります。

なお、地上天気図には等圧線という、気圧の等しいところを結んだ線が引

かれていますので、その等圧線の混み具合を見れば水平方向に見た気圧傾度の大小がわかります。

例えば、等圧線が混んでいるようなところは、そこで気圧が急激に変化する、つまり気圧変化の割合が大きいことになるので、気圧傾度が大きく、気圧傾度力も大きくなるので、風が強く吹きます。

台風の風がなぜあれほど強いかというと、台風の中心が黒くなるほど等圧線が混んでいる状態（右図参照）であり、気圧傾度力がものすごく大きいからなのです。

それとは逆に、等圧線がそれほど混んでいないようなところでは、気圧がそれほど変化しない、つまり気圧変化の割合が小さいことになるので、気圧傾度が小さく、気圧傾度力も小さくなるので、風はそれほど強く吹かないのです。

高気圧に広く覆われると比較的風も弱くなるものですが、その理由は高気圧付近では等圧線がそれほど混んでいないため（右図参照）であり、気圧傾度力という風の原動力その

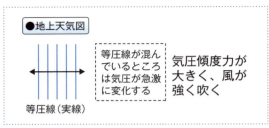

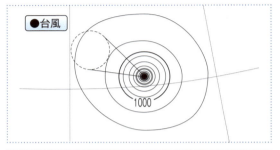

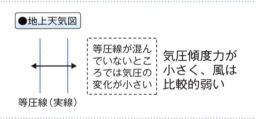

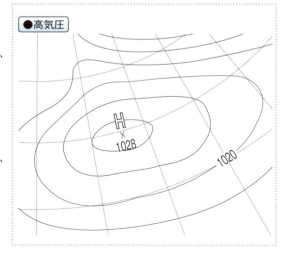

ものが小さいからです。

また、気圧傾度力の記号の分母に空気の密度(ρ)が含まれていますから、分数の性質として分母が大きくなるほど全体の値は小さく($\frac{1}{2} > \frac{1}{5} > \frac{1}{10}$ということ)なるように、空気の密度が大きくなるほど気圧傾度力は小さくなります。

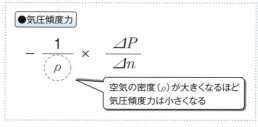

気圧の単位について

気圧の単位は一般的にはhPa(ヘクトパスカル)やPa(パスカル)を用いています。ここではまた別の表現方法についてお話しします。**N**という単位を使って表す力で**ニュートン**とよびます。

気圧は単位面積($1m^2$)あたりに働く1Nの力が作用する圧力と表すことができます。それを記号を使って表すとN/m^2(Nやm^2の前には1が省略されている)になり、$1Pa = 1N/m^2$に等しいです。

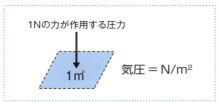

ここで1Nは質量1kgの物体に$1m/s^2$の加速度を与える力の大きさのことで$N = kg・m/s^2$(ここでもNやkg、m/s^2の前に1が省略されている)と置き換えることができます。ここからNの単位を用いて表した気圧の単位N/m^2は$kg・m/s^2/m^2$と表すことができます。これをわかりやすく書くと$kg \times \frac{m}{s^2} \times \frac{1}{m^2}$になり、分子にあるmと分母にある$m^2$が約分されて、分子にあるmが1、分母にある$m^2$がmになります。ここから$kg \times \frac{1}{s^2} \times \frac{1}{m}$となり、まとめると$kg/m・s^2$となります。

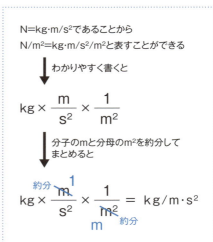

風を右に曲げる力

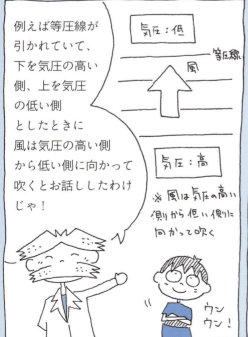

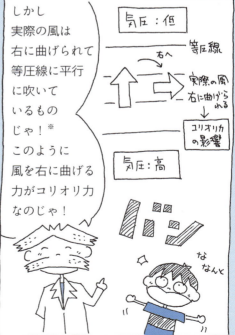

※北半球での話

6-4 コリオリ力（転向力）

自転によって起こる見かけの力

　コリオリ力というのは、地球が自転をするために起こる見かけの力のことなのですが、このコリオリ力によって北半球では風が右に曲げられて吹いています。では、なぜ北半球では風が右に曲げられて吹くのでしょうか。先ほど博士がひとつの例として、「回転している物体の上でボールを転がせばまっすぐ進まないのと同じようなもの」とお話ししていましたが、それとはまた別の例で、このコリオリ力という力をイメージすることにしましょう。

☁ コリオリ力

　まず、地球を北極側（上）からみることにします。このとき地球は、北極を中心として反時計回りに自転をしています。つまり、北極が中心とな

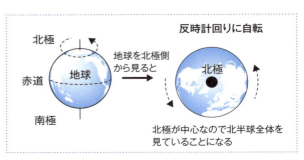

って見えるので、この場合、北半球全体をみていることになります。

　では、この北極側からみた地球の下のほうに学君が立っていて（下図①参照）、このときこの地球の下の方向、つまり学君の足元の方向から風が吹いているものとします。そしてこれを地球が自転をする前の状態と仮定します。

　北極側からみた地球は反時計回りに自転をしているものなので、時間が経過す

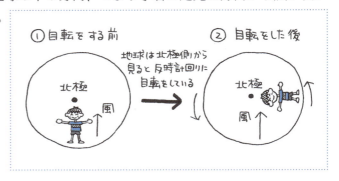

ると学君の位置も変わります。
　仮に、この地球の右のほうまで自転により学君が移動した(前ページ下図②参照)ものとし、このときも自転をする前のときと同じ方向、つまりこの地球の下の方向から風が

吹いていることとします。そして、これを地球が自転をしたあとの状態と仮定します。
　地球が自転をする前としたあとで風の変化を比べてみると、確かに風の吹いてくる方向は、結局は同じ方向(この地球の下の方向)から吹いてきているのですが、学君の立場になって考えてみると、自転をする前は学君の足元から吹いていたのですが、自転をしたあとは学君の右手の方向から吹いていることになります。
　つまり、学君にとってこの風は右に曲げられたことになるのです。

北半球と南半球の違い

　ここでのポイントは何でしょう。風の吹いてくる方向は自転をする前でもあとでも、結局は同じ、地球の下の方向から吹いているのですが、地球が自転をしているために学君の位置がどうしても変わってしまうので、学君にとっては風が変化したように思える、ということです。例えば、同じ川の流れでも、自分の居場所が上流になるか下流になるかで、川の流れの向きが変化するようなものです。
　これが地球の自転によって起こるコリオリ力(転向力)という力であり、あくまでも「見かけの力」とよばれるものなのです。
　いまお話ししたコリオリ力は北半球での話ということになるのですが、南半球では逆に風を左に曲げる効果があります。では、なぜそのようになるのでしょうか。結論をいうと、南半球では地球の自転の方向が北半球とは逆になるからです。
　地球を北極側(上)から見たときに、地球は北極を中心として反時計回りに

自転しているものなのですが、その状態で地球を南極側（下）から見ると、地球は時計回りに自転しています。もし家に地球儀か何かあれば実際に回してみてみるとわかりやすいかもしれません。

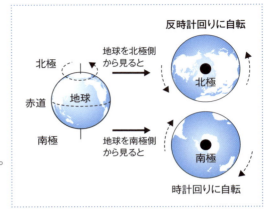

つまり、地球を南極側からみてみると、南極が中心になってみえるので、この場合、南半球全体をみていることになります。

では、この南極側からみた地球の下のほうに先ほどと同じように学君が立っていて（右図①参照）、この地球の下の方向から風が吹いているとします。そして、これを地球が自転をする前と仮定します。

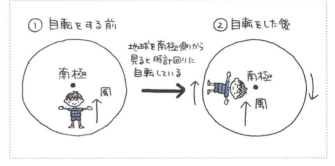

この南極側からみた地球は時計回りに自転するので、時間が経つと学君の位置が変わり、仮にこの地球の左側のほうに移動する（上図②参照）とします。

そして、このときも自転をする前と同じ方向（この地球の下の方向）から風が吹いているものとし、これを地球が自転をしたあとの状態と仮定します。

この場合も自転をする前とあとで風の変化を比べると、風の吹いてくる方向は結局は同じ地球の下の方向からなのですが、学君からみると自転をする前は風は足元から吹いてきていたのに、自転をしたあとは学君の左手の方向から吹いていることになります。

つまり、学君にとってこの風は、左に曲げられたことになるのです。

このように、南半球では地球の自転の方向が北半球と逆になるので、北半球とは逆の方向にコリオリ力がはたらき、風が左に曲げられるのです。

では、このコリオリ力という力は風に対して具体的にどのようにはたらくのか、考えてみましょう。北半球では風の進行方向の直角右向きにはたらき、南半球では風の進行方向の直角左向きにはたらきます。

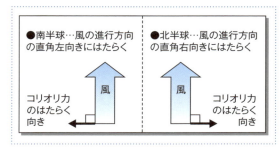

もし、この風に右手と左手があるのならば、右手を引く力が北半球のコリオリ力であり、左手を引く力が南半球のコリオリ力です。私たちも、歩いているときに右手や左手を引っ張られるとその方向に曲がるように、風にもし右手と左手があるならば、このコリオリ力に右手や左手を引っ張られることになるので、その方向に曲がるのです。

🌥 コリオリパラメータ

コリオリ力は記号でfVと表されます。fは**コリオリパラメータ**（**コリオリ因子**）を表し、Vは風速を表しています。

つまり、コリオリパラメータ(f)に風速(V)をかけたものがコリオリ力(fV)ということなのです。

コリオリパラメータというのは、このように単純にfと記号1つで表すこともできますが、くわしくは$2\Omega\sin\phi$（Ω:地球の自転角速度、$\sin\phi$: sinは三角関数の1つで、ϕは緯度）と表されます。

コリオリ力 ＝ fV

f：コリオリパラメータ（コリオリ因子）
V：風速

※コリオリパラメータ(f)に風速(V)をかけたものがコリオリ力(fV)となる

● コリオリパラメータ

単純に表すと　　具体的に表すと

$$f = 2\Omega\sin\phi$$

Ω：地球の自転角速度

$\sin\phi$：sinは三角関数、ϕは緯度

第6章 ● 大気の運動

地球の自転角速度（Ω）は、簡単にいうと地球が1秒間にどのくらい回転（自転）するかを表した数値（単位：s^{-1}＝/s）で、計算すると7.3×10^{-5}/sとなります。

このコリオリパラメータ（$2\Omega\sin\phi$）の中にある数字の2とΩの値は基本的に一定なので、$\sin\phi$の中のϕ（緯度）が変わることによって、このコリオリパラメータの値も変化します。

緯度別にコリオリ力を計算する

では、ここに実際に緯度を代入して、このコリオリパラメータの大きさをみていきましょう。北半球を例にして北緯を代入します。

まず、北極というのは緯度でいうと、北緯90度ということになります。この北緯90度をコリオリパラメータのϕのところに代入すると、$2\Omega\sin90°$（$\sin90°＝1$）となるので、それを計算すると$2\Omega\times1＝2\Omega$となります。

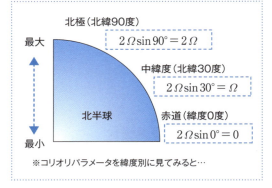

※コリオリパラメータを緯度別に見てみると…

次に、北半球の中緯度の中でも北緯30度（九州の南海上付近）でのコリオリパラメータは、$2\Omega\sin30°$（$\sin30°＝\dfrac{1}{2}$）となるので、それを計算すると$2\Omega\times\dfrac{1}{2}＝\Omega$になります。

最後に、赤道（緯度0度）でのコリオリパラメータは、$2\Omega\sin0°$（$\sin0°＝0$）となるので、それを計算すると$2\Omega\times0＝0$となります。

このように、緯度によってコリオリパラメータの大きさは異なるものであり、北半球でいうと北極で最大（2Ω）、赤道で最小（0）となります。

また、このコリオリパラメータに風速をかけたものが、コリ

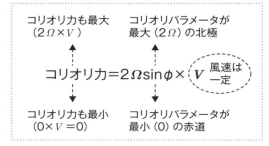

オリ力となりますので、風速を一定とした場合のコリオリ力というのは、北半球では、コリオリパラメータが最大となる北極で最大、コリオリパラメータが0の赤道で最小となります。

同じように、今度はそのコリオリ力の記号の中でコリオリパラメータを一定にしてみましょう。コリオリパラメータは緯度で値が変化するので、言い換え

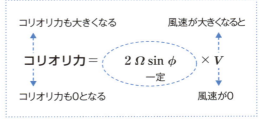

ると緯度を一定にするということになりますが、そうすると、コリオリ力は風速に比例します。つまり、風速が大きくなるほどコリオリ力も大きくなり、風速が0の場合、つまり空気が動いていない状態はコリオリ力も0となり、まったくはたらかないのです。

コリオリ力は空気塊の質量に比例する

コリオリ力には、風の進行方向を変えるはたらきはあるのですが、速度を変えるはたらきはありません。また、このコリオリ力は風だけでなく地球上で運動するすべての物体にはたらくものなのですが、私たちが日常生活で体験するような運動、例えばボールを投げたりするような運動に対しては、スケール（規模）が小さいのでほとんどはたらかず、大きなスケール、例えば風でいうと天気図にのるような大きな風などに対してはたらく性質があります。

また、コリオリ力は空気塊の質量に比例して大きくなる性質もあります。つまり空気塊の質量が大きくなるほどコリオリ力も大きくはたらくということであり、一般的にこのコリオリ力は単位質量、つまり1kgあたりの空気塊に働くものです。ここからも質量が大きくなればコリオリ力も大きく働くことになり、空気塊の質量に比例することがわかります。

地衡風ってなぁに？

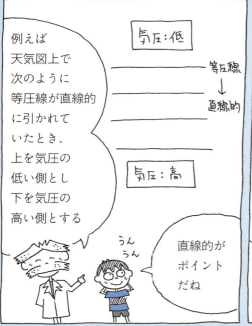
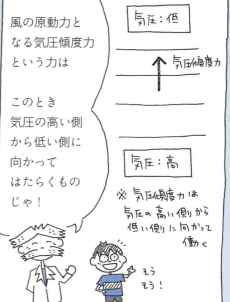

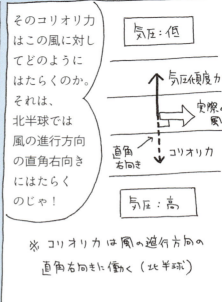
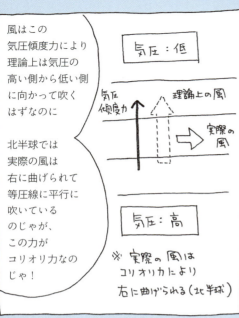

6-5 地衡風

等圧線に平行して吹く風

　地衡風は、博士がいっていたように気圧傾度力とコリオリ力が等しく、北半球では風が右に曲げられて等圧線に平行に吹く風のことをいうのですが、これはあくまで最終的な形であり、そのような状態で吹くまでの前提があります。それを今からお話しします。

　右の図のように、等圧線(実線)が直線的に引かれており、上側を気圧の低い側、下側を気圧の高い側とします。このとき、風の原動力となる気圧傾度力は気圧の高い側から低い側に向かってはたらきます。

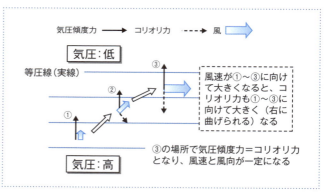

　吹き始めの頃の風は風速も弱く、この気圧傾度力と同じ方向、つまり気圧の高い側から気圧の低い側に吹きます(図の風①参照)。

　ここで思い出してもらいたいことがあります。それは、コリオリ力は風速に比例するという性質があるということです。つまり、風速が大きくなるほどコリオリ力も大きくはたらき、逆に風速が小さくなるほどコリオリ力も小さくはたらきます。ただし、コリオリ力は緯度によっても変化するので、この図の中で緯度の差はほとんどないものとします。したがって、吹き始めの頃の風は風速も弱く、コリオリ力も弱いので、風は右に曲げられることはなく、気圧の高い側から低い側に向けて吹くことができるのですが、自動車がアクセルを踏めば踏むほど加速をするように、風も気圧傾度力という力を受け続けている限り、加速をしていきます。

☁️ 地衡風

　以上の理由で、風が加速をすればするほど、コリオリ力も同じように大きくなり、風は右に曲げられていきます（図の風②参照）。そして、最終的に風が等圧線に平行になるところで気圧傾度力とコリオリ力がちょうど等しくなり、風を加速させる気圧傾度力と風を右に曲げるコリオリ力がお互いに打ち消しあうため、そこで風速が一定となり、風向も一定となります（図の風③参照）。これが地衡風平衡の状態であり、このときに吹く風を地衡風といいます。

地衡風の吹き方

　また、地衡風には吹き方に法則のようなものがあります。次にそのことをお話ししていきます。

　右の図のように、等圧線（実線）が直線的に引かれており、上側を気圧の低い側、下側を気圧の高い側とすると、風の原動力となる気圧傾度力が気圧の高い側から低い側に向かってはたらくため、風も

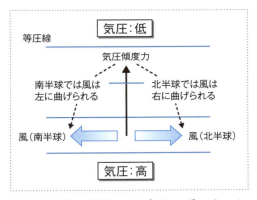

理論上は気圧傾度力のはたらく向きと同じ方向に向かって吹くはずです。しかし実際は、コリオリ力により右に曲げられて、最終的に等圧線に平行に吹いています。

　これはあくまで北半球での話ですが、南半球ではコリオリ力が逆、つまり風の進行方向の直角左向きにはたらくため、風は左に曲げられて吹いています。つまり、北半球と南半球では風が逆方向に吹くことになります。

　つまり、この結果から何がいえ

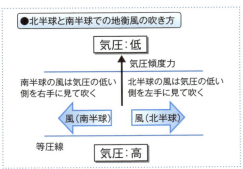

第6章 ● 大気の運動

るのかというと、北半球での地衡風は、気圧の低い側を左手に見て吹く性質があり、南半球では気圧の低い側を右手に見て吹く性質があるということです。

　もし、風に右手と左手があるのならば、左手の方向に気圧の低い側がある状態で吹くのが北半球であり、右手の方向に気圧の低い側がある状態で吹くのが南半球です。

　このように、北半球と南半球で、地衡風の吹き方には法則みたいなものがあるので、これを利用すると、仮に等圧線が描かれていなくても、風の吹き方を見るだけで気圧の高い場所や低い場所の方角、または等圧線の形などがわかります。

　地衡風は今までお話ししてきたように、気圧傾度力とコリオリ力が等しいときに吹く風のことなのですが、この気圧傾度力とコリオリ力は記号（気圧傾度力$=-\frac{1}{\rho} \cdot \frac{\Delta P}{\Delta n}$　コリオリ力$=fV$）で表すことができるので、その2つの力が等しい地衡風は、$fV=-\frac{1}{\rho} \cdot \frac{\Delta P}{\Delta n}$と表すことができます。これがこの地衡風の風速を求める式の原形となります。ここからいろいろと式が変形していくので、まずはこの原形の式をしっかりと覚えましょう。

　この原形の式のままでも、もちろん地衡風の風速は求めることはできるのですが、この式の中のVという記号がこの場合、地衡風の風速を表しているの

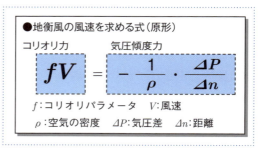

で、まずはこの式をV＝の式に直しましょう。直し方は両辺をf(コリオリパラメータ)で割れば、左辺にあるfが消えて、$V = -\frac{1}{f\rho} \cdot \frac{\Delta P}{\Delta n}$ となります。

また、この式の中のfはコリオリパラメータを意味しているのですが、具体的には$2\Omega\sin\phi$(Ω：地球の自転角速度　sin：三角関数　ϕ：緯度)と表すことができますので、それに直すと $V = -\frac{1}{2\Omega\sin\phi\rho} \cdot \frac{\Delta P}{\Delta n}$ という式の形になります。

この式を使って地衡風の風速を求めていくことになるのですが、この式を①の式とします。なぜ①の式にしたかというと、地衡風の風速を求める式には、この①の式を含めて2種類あるからなのです。

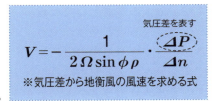

※気圧差から地衡風の風速を求める式

気圧差から地衡風の風速を求める

では、この①の式はどのようなときに用いるのでしょうか。この式の中のΔPは気圧差を意味しています。つまり、この①の式は気圧差から地衡風の風速を求める式なのです。

①の地衡風の式を用いて計算をするときには、注意点があります。それは、必ずそれぞれの要素、風速Vや気圧差ΔPなどの単位を合わせてから計算することです。

この式の中で一般的に使われている単位は、右の図の通りです。

もし、このほかの単位でこれらの要素が表されていた場合は、対応した単位に直してから計算するようにしましょう。

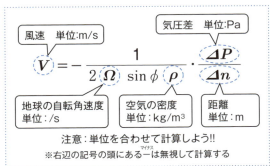

特に注意しないといけないのが、ΔPの気圧差とΔnの距離です。ΔPの気圧差の単位はhPaではなくPaなので、hPaで表されていたらPa(1 hPa＝100Pa)に直して計算します。Δnの距離の単位はkmではなくmなので、これもkmで表されていたらm(1 km＝1000m)に直して計算します。また、

風速に－（マイナス）がつくのもおかしいので、この式の右辺の記号の頭にある－は無視して計算します。

この①の式から、地衡風の次のような性質がいえます。この式の分母に $2\Omega\sin\phi$（コリオリパラメータ）がありますが、分数の性質として分母が大きくなるほど全体の大きさが小さくなりますので、気圧傾度力を一定とした場合、

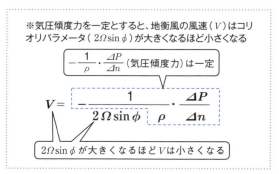

このコリオリパラメータの値が大きくなればなるほど地衡風の風速 (V) は小さくなるということになります。

このコリオリパラメータの $2\Omega\sin\phi$ の中の2と $\Omega(=7.3\times10^{-5}/\mathrm{s})$ は基本的に一定なので、何が変化すればこのコリオリパラメータの値は変化するのかというと、$\sin\phi$ の中の緯度 ϕ となります。緯度をここに代入すると、北半球では北極で最大（2Ω）となり、赤道で0となります※。

以上より、コリオリパラメータは、高緯度になればなるほど大きくなるものであり、地衡風の風速は、気圧傾度力を一定とすると、コリオリパラメータが大きくなるほど、つまり高緯度になるほど小さくなるものなのです。

高度差から地衡風の風速を求める

地衡風の風速を求める式には①の式のほかに、もう1つあります。それはどのような形をしていると思いますか。

それをお話しする前に、思い出していただきたいことがあります。それは、第3章でお話しした静水圧平衡の式（$\Delta P=-\rho g\Delta Z$）です。この

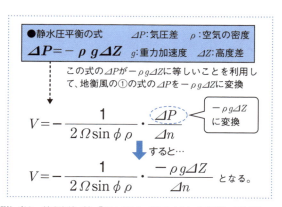

※詳しくは、第6章第4節「コリオリカ（転向力）」を参照してください

静水圧平衡の式のΔPが$-\rho g \Delta Z$に等しいという性質をここで利用して、地衡風の風速を求める①の式のΔPを$-\rho g \Delta Z$に変換(代入)してみましょう。

すると、$V = -\dfrac{1}{2\Omega \sin\phi \rho} \cdot \dfrac{-\rho g \Delta Z}{\Delta n}$となります。では、次にこの式の中で約分ができるところは約分をして、不要な記号は消していきます。

まず、$-\dfrac{1}{2\Omega \sin\phi \rho}$と$\dfrac{-\rho g \Delta Z}{\Delta n}$の間の・は×を省略したものです。−と−をかけたら＋になるため、−の記号が消えます。

また、分母と分子にあるρも約分できて、数字の1もほとんど意味はないので、省略することにします。それらを整理すると、$V = \dfrac{g}{2\Omega \sin\phi} \cdot \dfrac{\Delta Z}{\Delta n}$と直すことができます。これがもう1つの地衡風の風速を求める式であり、これを②の式とします。

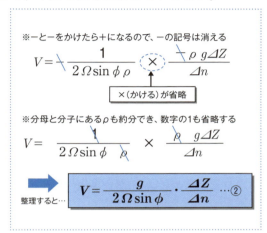

では、この②の式はどのようなときに用いるのでしょうか。この②の式の中のΔZは高度差を意味しています。つまり、この②の式は高度差から地衡風の風速を求める式です。

※高度差から地衡風を求める式

この②の式を使って計算をするときも、単位を合わせて計算することを忘れないようにしましょう。特に注意をしないといけないのが、ΔZの高度差とΔnの距離です。Δnの距離は先ほども出てきましたが、単位はmです。また、ΔZの高度差も単位はmです。

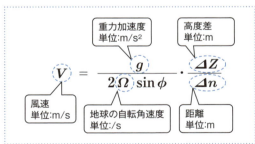

では、なぜ地衡風の風速を求める式は2種類も必要なのでしょうか。イメージをしていただくのなら、地上天気図と高層天気図の違いです。

地上天気図というのは、別名が等高度面天気図というだけあって、海抜０ｍに合わせているため高度がどこでも一定ですが、その高度面での気圧がどのくらいになるのかを示す意味で、地上天気図には等圧線が引かれているのです。

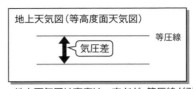

地上天気図は高度は一定だが、等圧線が引かれているので気圧差はわかる。

①の気圧差から地衡風の風速を求める式を用いる

天気図から地衡風の風速を求める

では、この地上天気図上で、もし地衡風の風速を求めようとしたら、２種類ある地衡風の式でどちらを用いるのでしょうか。それは、①の気圧差から地衡風の風速を求める式です。つまり、地上天気図は高度を一定としているのでそこには高度差はなく、その代わりに等圧線が引かれているので気圧差ならわかります。このような場合は、①の気圧差から地衡風の風速を求める式を用います。くわしくは地上付近を吹く風のところでお話ししますが、地上付近では摩擦力がはたらくので、単純に気圧傾度力とコリオリ力がつり合った地衡風はこの地上天気図上で吹きません。ここではその用途の違いをイメージしておいてください。

逆に高層天気図というのは、別名が等圧面天気図というだけあって、気圧はどこでも一定です。例えば、500hPaの高層天気図なら気圧はどこでも500hPaで一定ですが、500hPaになる高さはどのくらいになりますかとい

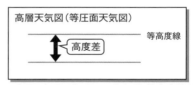

高層天気図は気圧は一定だが、等高度線が引かれているので高度差はわかる。

②の高度差から地衡風の風速を求める式を用いる

う意味で、高層天気図には等高度線が引かれています。

つまり、高層天気図は気圧を一定としているのでここでは気圧差はないのですが、その代わりに等高度線が引かれているので高度差ならわかります。このような場合は、②の高度差から地衡風を求める式を用います。

高層天気図では高度差(ΔZ)が気圧差(ΔP)のようなものですから、結局は気圧差から地衡風を求めることと同じようなものといえます。

🌥 ベクトル

力や風の大きさを矢印で表したものを**ベクトル**といいます。力や風の向きはこの矢印の向きで表し、力や風の大きさはこの矢印の長さで表します。

では、今からこの**ベクトルの合成**（ごうせい）（足し算）と**ベクトルの分解**（ぶんかい）（引き算）についてお話ししていきます。

まず、ベクトルの合成のやり方です。例えば、右の図のように2つの力がそれぞれ違う方向に分かれているとします。

この場合に、まずはその2つの力の矢印を2辺とした平行四辺形を描きます。

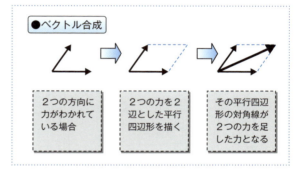

そして、この平行四辺形の対角線こそが、この2つの力を足した力となるのです。これがベクトルの合成です。

次に力の分解です。右の図のように力の大きさを表した矢印が1つあり、まずはその1つの矢印を対角線とした平行四辺形を描きます。そして、その対角線（矢印）の根元から分かれている2つの辺こそが、この1つの力を2つの方向に分

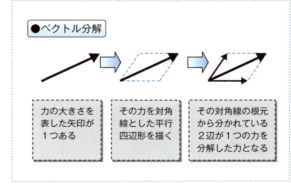

解した力となるのです。これがベクトルの分解です。

曲がりながら進む風

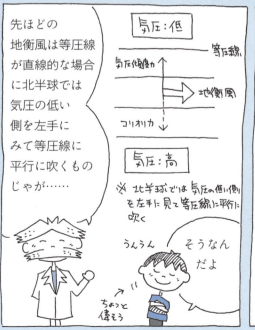

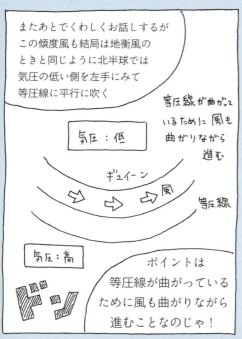

6-6 傾度風

2種類の風

　この傾度風には、実は高気圧性と低気圧性の2種類の傾度風があります。では、その2種類の傾度風についてお話ししていきます。

☁ 高気圧性の傾度風

　まず高気圧というのは、その中心が最も気圧の高い状態であり、そこから円形に等圧線が描かれているのが一般的です。つまり、高気圧はその中心が最も気圧が高いので、それに比べると周囲は気圧が低いのです。

　ところで、風の原動力となる気圧傾度力は必ず気圧の高い側から低い側に向かってはたらきました。つまり、気圧傾度力は気圧の最も高い高気圧の中心から、相対的に気圧の低い周囲に向かってはたらきます。風も理論上にこの気圧傾度力と同じ方向に吹くと考えられるのですが、北半球における実際の風は右に曲げられて吹いています。

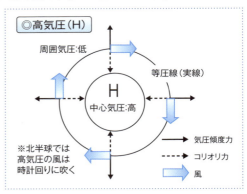

　これがコリオリ力の効果であり、そのコリオリ力は必ず風の進行方向の直角右向きにはたらきます。ただし、南半球におけるコリオリ力は風の進行方向に対して直角左向きにはたらく、つまり風は左に曲がるので、北半球とは風の向きが逆になることに注意してください。なので、高気圧の風というのは、その等圧線に沿って気圧の低い側(周囲)を左手に見ながら時計回りに吹くことになります。

　この傾度風を考えるうえで一番のポイントになるのは、このように風が等圧線に沿って円を描きながら(曲がりながら)吹いているということです。冒

頭で博士がお話ししていましたが、車が道を曲がるときに**遠心力**というう力がはたらくように、風も円を描きながら吹くときには遠心力がはたらきます。そして、この遠心力は必ず外側に向かってはたらきます。遠心力が外側に向かってはたらくため、車が道を曲がるときに私たちの体は、曲がる方向とは逆の外側に向かって飛ばされそうになります。

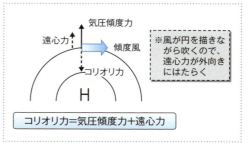

そして、この気圧傾度力・コリオリ力・遠心力の3つの力が等しい状態、つまり**傾度風平衡**にあるときに吹く風を傾度風というのですが、高気圧性の傾度風は、中心に向いているコリオリ力と、外側に向いている気圧傾度力と遠心力の2つを足した力が等しい状態で吹くことになります。

☁ 低気圧性の傾度風

低気圧というのは、その中心が最も気圧が低い状態であり、そこから円形に等圧線が描かれているのが一般的です。つまり、低気圧はその中心が最も気圧が低いので、それに比べると周囲は気圧が高いことになります。

まず、気圧傾度力は気圧の高い側から低い側に向けてはたらくので、低気圧では気圧の相対的に高い周囲から最も気圧の低い中心に向かってはたらきます。

先ほどの高気圧は、その中心が最も気圧が高いので中心から周囲に向かって気圧傾度力がはたらいていたのですが、低気圧

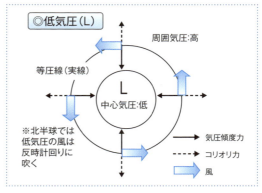

では逆になります。この気圧傾度力のはたらく向きの違いこそが、高気圧と低気圧で風の向きが逆になる理由なのです。

つまり、低気圧は気圧傾度力が周囲から中心に向かってはたらくので、風も理論上は気圧傾度力と同じ方向に吹くはずなのですが、北半球における実

際の風はコリオリ力により右に曲げられており、そのコリオリ力は風の進行方向の直角右向きにはたらきます。そのため、低気圧の風というのは、その等圧線に沿って気圧の低い側(低気圧の中心側)を左手にみながら反時計回りに吹くことになります。

このように、低気圧の風は高気圧の風とは逆回りに吹くことになりますが、結局は円を描きながら、曲がりながら吹いているところに遠心力という外向きにはたらく力が加わります。

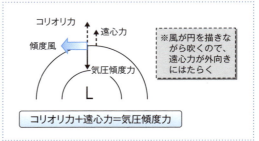

この低気圧性の傾度風は、外側に向いているコリオリ力と遠心力の2つを足した力と、中心に向いている気圧傾度力が等しい状態で吹きます。

コリオリ力は風速に比例する

では、この高気圧性の傾度風と低気圧性の傾度風の違いを、もう少し詳しく見ていくことにしましょう。

高気圧性の傾度風の力のバランスは、「コリオリ力=気圧傾度力+遠心力」であり、低気圧性の傾度風の力のバランスは、「コリオリ力+遠心力=気圧傾度力」の状態です。

では、この中の低気圧性の傾度風の力の式を「コリオリ力=」の式に変形します。直し方は、左辺にある「遠心力」を右辺に移項させるだけです。そのときに符号が逆になることに注意しましょう。すると、「コリオリ力=気圧傾度力−遠心力」となります。

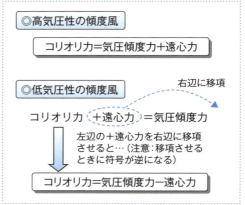

なぜこのような式の変形をしたのかというと、コリオリ力には風速に比例するという性質があるからです。つまり、風速が大きくなるほどコリオリ力も大きくなり、逆に風速が小さくなるほどコリオリ力も小さくなるのです。

コリオリ力は緯度によっても変化するため、この先の話の内容に緯度の差はないものとします。

では、風速が大きくなればなるほどコリオリ力も大きくはたらく状態を、数値で表してみましょう。例えば、風速が10から30に大きくなれば、コリオリ力も10から30と大きくなります。つまり、コリオリ力が大きくはたらく状態というのは、風速も大きい状態なのです。

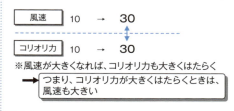

よって、この2つの傾度風の力の式にあるコリオリ力の大きさを見れば、そこに風速の要素がなくてもお互いの風速の大きさがわかります。だから、低気圧性の傾度風の力の式を、あえて「コリオリ力＝」の式に変形したのです。

では、ここに同じ気圧傾度力という条件をつけて、お互いの風の強さをみていくことにします。仮に、気圧傾度力は10とします。

同じ気圧傾度力なら高気圧の風は強い

まず、高気圧性の傾度風の力の式は「コリオリ力＝気圧傾度力＋遠心力」なので、気圧傾度力を10とすると、「コリオリ力＝10＋遠心力」となります。

次に、コリオリ力＝の式に直した低気圧性の傾度風の力の式は「コリオリ力＝気圧傾度力－遠心力」なので、気圧傾度力を10とすると、「コリオリ力＝10－遠心力」となります。

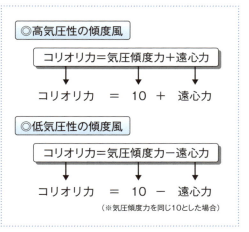

コリオリ力の大きさをみると風速の大きさがわかるので、同じ気圧傾度力（10）という条件をつけた場合には、高気圧性の傾度風は気圧傾度力（10）にさらに遠心力が足されることになるので、その分コリオリ力が大きくなり、

風速も大きくなります。

逆に、低気圧性の傾度風は気圧傾度力（10）から遠心力が引かれることになるので、その分コリオリ力が小さくなり、風速も小さくなります。

私たちには、台風に代表されるように低気圧のほうが風が強いというイメージがあるのですが、理論上はこのように高気圧のほうが風は強くなります。ただし、これはあくまでも同じ気圧傾度力という条件がついた場合のことであり、実際は低気圧の風のほうが強いです。その理由は、低気圧のほうが高気圧よりも気圧傾度力そのものが大きいためです。

では、この2つの傾度風にさらに地衡風を加えて、その風速の大きさを比べてみましょう。地衡風は、気圧傾度力とコリオリ力が等しいときに吹く風でしたから、先ほどと同じように気圧傾度力を同じ10とすると、この地衡風ではコリオリ力も10となります。

高気圧性の傾度風は気圧傾度力に遠心力を足したものがコリオリ力でしたから、同じ気圧傾度力（10）という条件がついた場合には、遠心力が足される分だけ地衡風よりもコリオリ力が大きくなり、風速も大きくなります。

逆に、低気圧性の傾度風は気圧傾度力から遠心力を引いたものがコリオリ力でしたから、同じ気圧傾度力

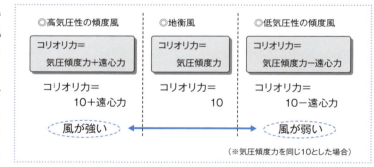

（10）という条件がついた場合には、遠心力が引かれる分だけ地衡風よりもコリオリ力が小さくなり、そのため風速も小さくなります。つまり、同じ気圧傾度力という条件がついた場合のこれら3つの風速の大きさは、低気圧性の傾度風→地衡風→高気圧性の傾度風の順に大きくなります。

☁ 旋衡風

旋衡風（せんこうふう）というのは、気圧傾度力と遠心力が等しいときに吹く風のことをいいます。この旋衡風の例が竜巻です。

竜巻というのは、一種の低気圧です。その中心が最も気圧が低いので、それに比べると周囲の気圧は高くなります。風の原動力となる気圧傾度力は、必ず気圧の高い側から低い側に向けてはたらくので、この場合は、周囲から中心に向けてはたらきます。

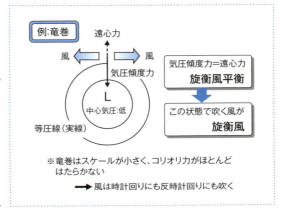

　ここでの一番のポイントは、コリオリ力は天気図にのるような大きなスケールの風などに対してはたらく力だということ。竜巻は、実は風としてはスケールが小さく、コリオリ力がほとんどはたらかない、無視できる程度であるということです。

　つまり、この竜巻には、コリオリ力という北半球では風を右に曲げる力がほとんどはたらかないので、等圧線に沿って時計回り（右回り）にも反時計回り（左回り）にも吹きます。ちなみに竜巻は一種の低気圧なので、北半球では反時計回りに吹くものが多くなります。

　そして、竜巻も風が円を描きながら吹くので外向きに遠心力がはたらくのですが、竜巻はスケールが小さいため、風の曲率（曲がる割合）が大きくなり、遠心力が大きくはたらきます。その遠心力と気圧傾度力が等しい状態を**旋衡風平衡**とよび、このときに吹く風を旋衡風というのです。

☁ 遠心力

　遠心力というのは、物体が曲線上を運動する、つまり曲がりながら運動するときに、曲がる方向とは逆の外向きにはたらく見かけの力のことです。この遠心力は $\dfrac{V^2}{r}$ と表すことができます。記号の意味は、Vが風速、rは曲率半径を表しています。つまり、遠心力というのは風速（V）を2乗したものを曲率半径（r）で割ったものです。

　この遠心力の式から、次のような性質がいえます。分数というのは、分子が大きくなるほど全体の値は大きくなりますので、遠心力の記号の分子にある風速（V）が大きくなるほど遠心力は大きくなります。くわしくいうと、風

第6章 ● 大気の運動

速の2乗に比例します。

例えば、私たちが普通に歩いていて曲がり角を曲がるときには遠心力はほとんどはたらかない、言い換えると曲がる方向とは逆の外向きに飛ばされそうにはならないのですが、ジェットコースターに乗っていると、カーブを曲がるときにはたらく遠心力はものすごいものがあります。なぜこのようになるかというと、ジェットコースターの速度が大きいからです。そのように考えてみると、私たちはジェットコースターのこのような力を楽しんでいるともいえます。

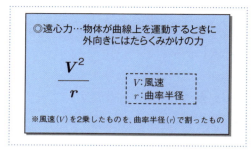

遠心力が大きくはたらくとき

これと同じようなことが空気に対してもいえるので、空気の移動する速度（風速）が大きくなればなるほど、遠心力は大きくはたらきます。

また、分数の性質として、分母が小さくなるほど全体の値は大きくなるので、この遠心力の記号の分母にある曲率半径（r）が小さくなるほど遠心力は大きくなります。

曲率半径というのは円の半径のようなもので、円の半径が小さくなるほどカーブがき

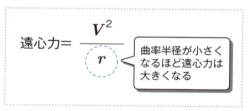

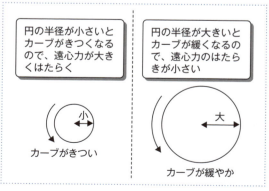

つくなるので、その円に沿って運動している物体は遠心力が大きくはたらくのです。

逆に、円の半径が大きくなるほどカーブは緩やかなので、その円に沿って運動している物体は遠心力があまりはたらかないのです。これは車でカーブのきつい山道を走っているのか、それほどカーブのきつくない一般道を走っているのかの差のようなものです。

つまり、今お話しした2つの考え方を足すと、風速が大きくて曲率半径が小さいときほど遠心力はより大きくはたらくことになります。

☁ 三角関数

この気象学では、**三角関数**というものを用いて計算することがよくあります。ここではその三角関数がどのようなものかというのをお話ししていきます。

まず、直角三角形に使われる辺の名称などについてお話ししていきます。右の図のように、∠C（∠：角の記号）を直角とした直角三角形ABCがあるとします。このとき、辺ABの名前を**斜辺**といいます。また、∠Aに対して辺ACを**隣辺**といい、∠Aに対して辺BCを**対辺**ということにします。ただし、隣辺や対辺は一般的な名称ではありません。この本の中だけでの約束とさせてください。また、これから30度の直角三角形や60度の直角三角形という言葉の表現をよくしますが、「○○度」の直角三角形といったら、上の図でいうと∠Aの角度だと思ってください。そして、直角三角形は、この∠Aの大きさで、すべての辺の比率が決まるのです。

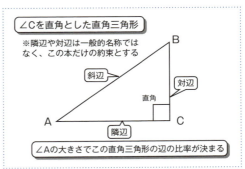

例えば、30度の直角三角形を描くと、この直角三角形の辺の比率は、斜辺：2　対辺：1　隣辺：$\sqrt{3}$　というふうに決まります。

つまり、どれだけ大きな直角三角形やどれだけ小さな直角三角形を描いたとしても、∠Aの大きさが30度であるならば、辺の比率　斜辺：2、対辺：1、隣辺：$\sqrt{3}$　で同じなのです。

そして、この直角三角形の辺の比率が∠Aの大きさで決まるということを利用したものが、**sin**（**サイン**）、**cos**（**コサイン**）、**tan**（**タンジェント**）で表される三角関数というものです。

☁ sin, cos, tan

では、まずsinについて説明します。sinは、直角三角形の対辺を斜辺で割った値（sin＝対辺÷斜辺）を意味しています。もし、記号でsin30°と表されていたら、それは直角三角形の∠Aが30度のときの対辺を斜辺で割った値という意味になります。つまり、30度の直角三角形は斜辺の長さが2に対して、対辺の長さが1だから、sin30°＝$\frac{1}{2}$ということになります。

次に、cosについて説明します。cosは、直角三角形の隣辺を斜辺で割った値（cos＝隣辺÷斜辺）を意味しています。もし、記号でcos30°と表されていたら、それは直角三角形の∠Aが30度のときの隣辺を斜辺で割った値という意味になります。つまり、30度の直角三角形は斜辺の長さが2に対して隣辺の長さが$\sqrt{3}$だから、cos30°＝$\frac{\sqrt{3}}{2}$ということになります。

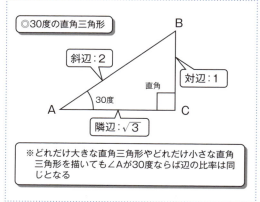

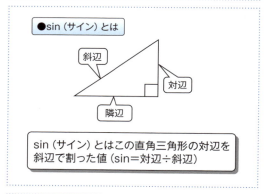

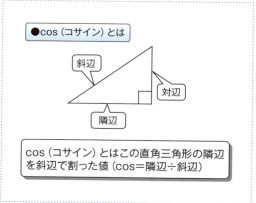

最後にtanについて説明します。tanは、直角三角形の対辺を隣辺で割った値（tan＝対辺÷隣辺）を意味しています。もし、記号でtan30°と表されていたら、それは直角三角形の∠Aが30度のときの対辺を隣辺で割った値という意味になります。つまり、30度の直角三角形は隣辺の

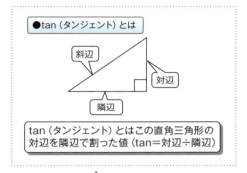

長さが$\sqrt{3}$に対して対辺の長さが1だから、$\tan 30° = \dfrac{1}{\sqrt{3}}$ということになります。

また、60度の直角三角形はその辺の比率が、

　　斜辺：2　　対辺：$\sqrt{3}$　　隣辺：1

となります。これが45度の直角三角形になると、その辺の比率が、

　　斜辺：$\sqrt{2}$　　対辺：1　　隣辺：1

となります。

また、この三角関数のところではよく$\sqrt{}$（ルート）という言葉が出てきますが、意味は2乗するとその$\sqrt{}$の中の数字になる値ということを意味しています。例えば、$\sqrt{2}$というのは、

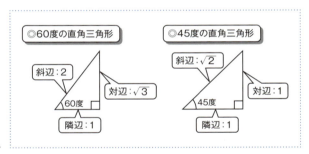

2乗すると2になる値という意味になります。2乗するとピタリと2になる値はないのですが、その近似値は1.41です。また、$\sqrt{3}$（2乗すると3になる値）の近似値は1.73であり、$\sqrt{5}$（2乗すると5になる値）の近似値は2.23です。

直角三角形の∠Aの大きさが0度、30度、45度、60度、90度のときのsin、cos、tanのそれぞれの大きさを右の表にまとめておきます。

	0°	30°	45°	60°	90°
sin	0	$\dfrac{1}{2}$	$\dfrac{1}{\sqrt{2}}$	$\dfrac{\sqrt{3}}{2}$	1
cos	1	$\dfrac{\sqrt{3}}{2}$	$\dfrac{1}{\sqrt{2}}$	$\dfrac{1}{2}$	0
tan	0	$\dfrac{1}{\sqrt{3}}$	1	$\sqrt{3}$	値なし

比較的低い場所で吹く風って……？

例えばサッカーボールをころがすと、はじめは勢いがよくてもやがては止まってしまうじゃろ？これが摩擦力のはたらきなのじゃ

ではこのときにこの摩擦力はこのサッカーボールに対してどのようにはたらくかというと、サッカーボールの進行方向とは反対方向にはたらくのじゃ！つまりサッカーボールは前に進もうとしているのじゃが、反対向きに摩擦力が引っ張るのでやがては動きが止まってしまうのじゃ！

この摩擦力によって地上付近の風はどのようになるかというと、まず風速が弱められるのじゃがそれだけではなく風の向きを低圧側に曲げるはたらきもあるのじゃ！

ではこのあたりについてくわしくお話ししていくよ

6-7 地上付近で吹く風

地上付近で吹く風とは

　地上付近（地上〜高度約1 km）で吹く風には、今までお話ししてきた気圧傾度力やコリオリ力という力のほかに、地表面からの**摩擦力**という力の影響を受けます。摩擦力というのは、地形や建物といった凹凸のある地表面を、空気が流れるときに発生する空気の乱れによって生じます。

　では、その摩擦力が地上付近で吹く風に対してどのようにはたらくのかを、ここではくわしくお話ししていきます。

　例えば、下図①のように、等圧線（実線）が直線的に引かれており、上側を気圧の低い側、下側を気圧の高い側とします。このように気圧に差があると、まず風の原動力となる気圧傾度力が気圧の高い側から低い側に向けてはたらきます。これは、水が高いところから低いところに向けて流れるように、風も理論上は気圧の高い側から低い側、つまり気圧傾度力と同じ方向に向けて吹くということです。しかし、北半球での実際の風は、コリオリ力によって右に曲げられて等圧線に平行に吹いています。コリオリ力はこの風の進行方向の直角右向きにはたらきます。ここまでは上空（高度約1 km以上）で吹く地衡風とまったく同じ状態なのですが、地上付近で吹く風には、ここにさらに摩擦力がはたらきます（下図②参照）。

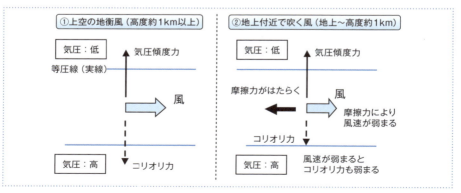

摩擦力は、風の進行方向に対して反対の方向にはたらきます。つまり、風は摩擦力のはたらきにより、進みたい方向とは反対の方向に引っ張られることになるので風速が弱められてしまうのです。

　このように、地上付近では摩擦力によって風速が弱められるわけなのですが、風速が弱くなるとこの図の中でもうひとつだけ弱くなる力があります。それがコリオリ力です。

摩擦力が弱めるもの

　もう何度もお話ししている内容なのですが、コリオリ力には風速に比例するという性質（緯度を一定とした場合）があり、風速が大きくなるほどコリオリ力も同じように大きくなります。例えば、風速が10から30に大きくなると、コリオリ力も10から30へと同じように大きくなりますし、風速が30から10に小さくなると、コリオリ力も30から10へと同じように小さくなります。つまり、地上付近では摩擦力により風速が弱められるだけでなく、間接的にコリオリ力のはたらきも弱めてしまうのです。

　コリオリ力は北半球では風を右に曲げる力のことでしたから、コリオリ力が弱まるということは風を右に曲げる力も弱くなるということです。つまり、上空の地衡風はコリオリ力によって右に曲げられて等圧線に平行に吹いていたわけですが、それが地上付近では、

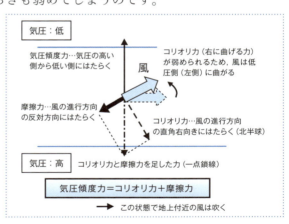

摩擦力によって間接的にコリオリ力が弱められるために風を右に曲げる力が弱められ、風が低圧側、つまりこの風から見て左の方向に曲げられて等圧線を横切るように吹きます。

　上空の地衡風は気圧傾度力とコリオリ力が等しいときに吹いていたわけですが、地上付近ではここに摩擦力が加わるため、力のバランスも変化します。

ベクトルの合成を利用

　ここでもう一度おさらいをしておきます。気圧傾度力は気圧の高い側から低い側に向かってはたらき、また風速や風の向きなどが変化しても、北半球でのコリオリ力は風の進行方向の直角右向きにはたらき、摩擦力は風の進行方向と反対の方向にはたらきます。このとき、気圧傾度力は、コリオリ力と摩擦力の2つの力を足した力と等しい状態なのですが、コリオリ力と摩擦力が異なる方向に分かれているので、この2つの力を足してその力を表しましょう。このとき、ベクトルの合成（P225参照）を利用します。まず、この2つの力を2辺とした平行四辺形を描いたとき、その対角線がこの2つの力を足した力（前ページの図の一点鎖線の矢印◀━━━）となります。この2つを足した力と気圧傾度力が等しい状態で、地上付近の風は吹くことになります。

　このように、地上付近の風というのは摩擦力により、上空の風に比べて風が低圧側の方向に曲げられて吹くわけですが、注意しないといけないのが、低圧側に曲げられるのは風の吹く向き（右図では、東→北東方向）だということであり、この場合の風向（風が吹いてくる方向）は、高圧側（右図では、西→南西方向）に曲げられています。

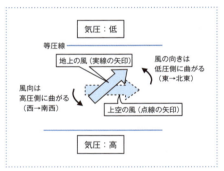

　また、地上付近の風が等圧線を横切る角度は、その地表面の状態によって異なります。陸上と海上を比べた場合、陸上はその表面が地形などにより凹凸がある状態なので、摩擦力が大きくはたらくため等圧線を横切る角度も大きくなり、30〜45度ぐらいとなります。

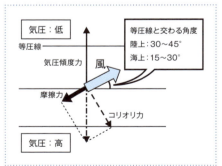

一方、海上は陸上に比べてその表面が滑らかなので、摩擦力がそれほどはたらかないので、等圧線を横切る角度も小さくなり、15〜30度ぐらいとなります。

そして、この摩擦力によって風の向きが低圧側に曲げられてしまうということが、地上付近で吹く高気圧と低気圧の風をおもしろいものにしています。

では、まずは高気圧の風から見ていきます。高気圧の風が上空でどのように吹いていたかというと、等圧線に沿うように、北半球では低圧側、つまり高気圧は中心が最も気圧が高いので、周囲の低圧側を左手にみて時計回りに吹いています。

これが地上付近での話になると、ここに摩擦力がはたらくので風の向きが低圧側に曲げられてしまうのです。この高気圧は中心に比べて周囲のほうが気圧

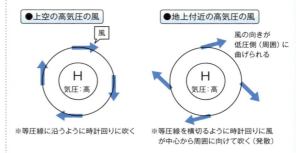

が低い状態ですから、地上付近で吹く高気圧の風の向きは、気圧の低い周囲の方向に曲げられます。

☁ 発散

このように、地上付近での高気圧の風というのは、時計回りに風が吹いているのですが、摩擦力により低圧側、つまり高気圧にとっては周囲の方向に風の向きが曲げられてしまうため、等圧線に沿うような形ではなく、等圧線を横切るように中心から周囲に向けて吹くことになります。

「風が吹く」ということは「空気が移動する」ということですから、高気圧の中心から周囲に向けて風が吹くということは、高気圧の中心から周囲に向けて空気が移動する、つまり中心から空気が離れていくような状態だということです。このように、空気が離れていく状態のことを**発散**といいます。

では、次に横から見たときのその高気圧の空気の流れをみていきます。

高気圧というのは、地上付近で風が

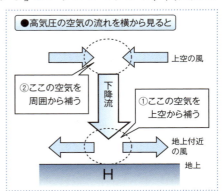

第6章 ● 大気の運動　243

中心から周囲に向けて吹いています。中心から周囲に向けて風が吹くということは、中心から空気が離れていくような状態(発散)なので、その中心付近では、理論上、空気が少なくなります。

では、その少なくなった中心付近の空気を高気圧はどこから補うのか。上空から補うのです。つまり、ここに下降流が発生します。また、上空から地上付近に空気を補うことによって上空でも同じように空気が少なくなると考えられますから、上空ではその部分の空気を周囲から補うような形になります。

ここでのポイントは何かというと、高気圧は中心付近に下降流を伴っているということです。つまり、空気が下降すると気温が上昇、つまり断熱昇温しますから、雲が消滅します。雲は小さな水滴(氷晶)の集まりなので、雲が消滅するということはその水滴(氷晶)が蒸発して水蒸気になるということなので、晴れることが多くなります。高気圧に覆われると天気がよくなる理由は、このように中心付近に下降流を伴っており、雲を消滅させるからなのです。

低気圧が近づくと天気が悪くなる理由

では、次に低気圧の風をみていきます。まず上空での低気圧の風は、等圧線に沿うように、北半球では低圧側、つまり低気圧は中心が最も気圧が低いので、中心を左手に見るように反時計回りに吹いています。

これが地上付近での話になると、摩擦力がここにはたらくために風の向きが低圧側に曲げられてしまいます。つまり、低気圧はその中心が最も気圧が低い状態ですから、地上付近での低気圧の風の向きは、気圧の低い中心の方向に曲げられます。

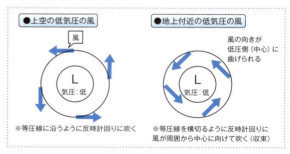

このように、地上付近での低気圧の風は反時計回りに吹いているのですが、摩擦力により低圧側、つまり低気圧にとっては中心の方向に風の向きが曲げられてしまうため、等圧線に沿うような形ではなく、等圧線を横切るように周囲から中心に向けて吹くことになります。つまり、地上付近の低気圧の風

は、高気圧の風とは逆に周囲から中心に向けて吹くので、その中心に空気が集まるような状態です。このように、空気が集まる状態のことを収束といいます。では、この低気圧についても、横からみた空気の流れをお話ししていきます。

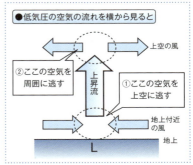

　低気圧は、地上付近では周囲から中心に向けて風が吹いています。周囲から中心に風が吹くということは、その中心付近では空気が集まるような状態(収束)ですから、この集まってきた空気を上空に向けて逃がします。つまり、上空に空気を逃がすわけですから、ここで上昇流が発生します。また、上空では地上から逃げてきた空気を逆に受け取るような形になりますから、ここでも空気が集まるような状態となり、上空ではその集まってきた空気を周囲に逃がします。

　ここでのポイントは、低気圧はその中心に上昇流を伴っているということです。つまり、空気が上昇すると気温が下降、つまり断熱冷却しますから、雲が発生しやすくなります。空気は冷やされると水蒸気を含みきれなくなり、その含みきれなくなった水蒸気が雲となるのです。低気圧が近づいてくると天気が悪くなる理由は、このように中心付近に上昇流を伴っているからです。

風のU成分とV成分について

　ここで風のU成分とV成分についてお話しします。まず結論をいうとU成分は風の東西成分のことで、V成分とは風の南北成分のことです。

　例えば右図のように北東方向(図の上を北とする)に向いて南西の風が吹いているとします。この風を東西方向と南北方向の2方向に分解したものをそれぞれU成分とV成分といい、これをベクトル分解とよびます。くわしくはP225を参考にしてください。

　またU成分とV成分のUとVは形が似ていますが、見間違わないように気をつけてください。

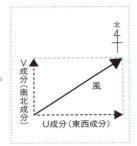

本当は"吹いていない"風!?

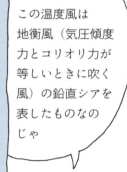

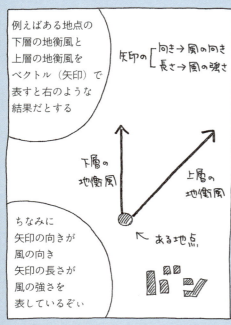
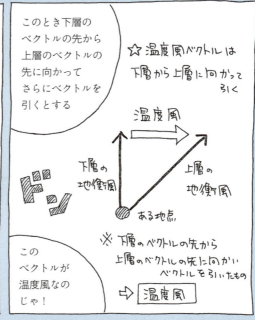
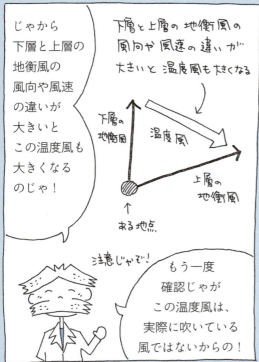

6-8 温度風

風のベクトルによって表される

　温度風は、実際に吹いている風ではなく地衡風の鉛直シア、つまり鉛直方向に見た2地点間の差を表している風のことをいいます。先ほど博士がお話ししていたように、風のベクトルを使うことによって考えることができます。

　では、この温度風には、いったいどのような性質があるのでしょうか。もう少し具体的にお話ししていきます。

　先ほど博士がお話ししていた例を使って話を進めていきましょう。ある地点の下層の地衡風と上層の地衡風のベクトルが右の図のように観測されていたとすると、下層のベクトルの先から上層のベクトルの先に向かって引いたベクトルが、温度風です。

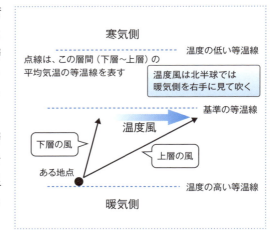

　実は、温度風には、この層間、この場合下層から上層までを指しますが、ここの平均気温の等温線、つまり気温の等しいところを結んだ線に平行に吹くという性質があります。

　仮に、この温度風とほぼ同じ位置に平行に並ぶように、この層間の平均気温の等温線が引かれているものとしてこの等温線を基準に考えてみます。そうすると、北半球では、この温度風からみて右手の方角には基準にした等温線よりも温度の高い等温線が対応しており、左手の方角には温度の低い等温線が対応していることがわかります。ちなみにいずれの等温線もこの層間の平均気温を表した等温線であり、温度風の風と平行に引かれます。

　この温度風という風には、北半球では暖気側を右手の方角に、寒気側を左

手に、それぞれみて吹くという性質があります。温度風にもし右手と左手があるのであれば、右手の方角に暖気側があるように吹きます。ちなみに、南半球では、逆に暖気側を左手の方角に見て吹く性質があります。

3つのベクトルの関係

　このように、温度風は、地衡風の鉛直シアを表すだけでなく、その層間の平均気温の等温線の流れのようなものをみることができます。その吹き方を見ればどちらの方角に暖気側、または寒気側があるかわかるのです。

　くり返しになりますが、温度風は、下層の地衡風と上層の地衡風をベクトルで表したときに、下層のベクトルの先から上層のベクトルの先へつないだベクトルとなります。3つのベクトルについて考えていきましょう。

　下層の地衡風ベクトルと温度風ベクトルを2辺とした平行四辺形を描くと、ちょうど上層の地衡風ベクトルが、この平行四辺形の対角線になります。平行四辺形は向かい合う辺の長さが等しいので、温度風ベクトルの向かい側にある辺は温度風ベクトルと等しいことになります。つまり、ベクトルの合成を考えると、下層の地衡風ベクトルと温度風ベクトルを足したものが上層の地衡風ベクトルに等しく、それを式で表すと 下層の地衡風ベクトル＋温度風ベクトル＝上層の地衡風ベクトルとなります。

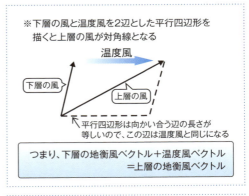

　では、この式の左辺にある下層の地衡風ベクトルの項を右辺に移項させると、温度風ベクトル＝上層の地衡風ベクトル－下層の地衡風ベクトルとなります。つまり、温度風ベクトルは上層の地衡風ベクトルから下層の地衡風ベクトル

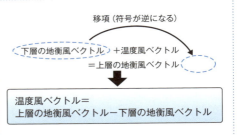

を引いたものということになります。

　また、この温度風の考え方を使うことによって、次のような関係がいえます。風が下層から上層に向けて時計回りに回転していることを**風の順転**というのですが、そのときに北半球では暖気移流、つまり暖かい側から冷たい側に向けて吹く風があるといえます。逆に、風が下層から上層に向けて反時計回りに回転していることを**風の逆転**といい、そのときに北半球では寒気移流、つまり冷たい側から暖かい側に向けて吹く風があるといえます。

　では、なぜそのようになるのかを今からお話ししていきます。

☁ 風の順転と逆転

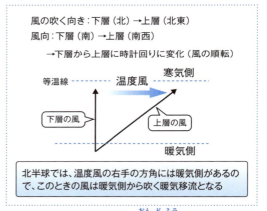

　まず、下層の地衡風ベクトルと上層の地衡風ベクトルが、右の図のように観測されていたとします。矢印の向きが風の吹く向きを表しており、また風の吹いてくる方向を風向といいましたから、この場合、下層から上層に向けて時計回りに風の向きも風向も変化しています。そして、この下層から上層のベクトルの先をつないだものが**温度風ベクトル**です。

　この温度風の性質を考えると、温度風からみて北半球では右手の方角に暖気側があるので、この場合の下層と上層の風は温度風の右手の方角、つまり暖気側から吹いてきていることになります。これを**暖気移流**といいます。

　このように、風が下層から上層に向けて時計回りに変化するときは、温度風の右手の方角、つまり暖気側から風が吹くので、暖気移流があることになります。

　同じように、下層の地衡風ベクトルと上層の地衡風ベクトルが、今度は次ページの図のように観測されていたとします。先ほどと何が違うかというと、風の向きと風向が下層から上層にかけて反時計回りに変化しているのです。風が時計回りに変化しても反時計回りに変化しても、必ずこの下層のベクトルから上層のベクトルの先をつないだものが温度風ベクトルとなることに注意

してください。

　この温度風の性質を考えると、温度風からみて北半球では右手の方角に暖気側があるので、この場合の下層と上層の風は温度風の左手の方角、つまり寒気側から吹いてきていることになります。これを<u>寒気移流</u>といいます。

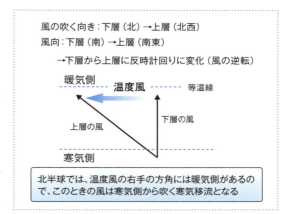

　このように、風が下層から上層に向けて反時計回りに変化するときは、温度風の左手の方角、つまり寒気側から風が吹くので、寒気移流があることになります。

☁ 暖気移流と寒気移流

　では、暖気移流と寒気移流についての注意点があるのでお話していきます。

　例えば、右の図のように上側に12℃の等温線があり、下側に15℃の等温線が引かれているとします。このとき、12℃の等温線の方角が寒気側となり、15℃の等温線の方角が暖気側ということに

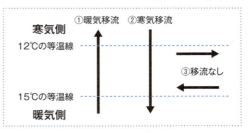

なります。暖かい側から冷たい側に向けて吹く風を暖気移流といいましたから、等温線の15℃の方向から12℃の方向に向けて吹く風のことを暖気移流（図中の①の風）といいます。逆に冷たい側から暖かい側に向けて吹く風を寒気移流といいましたから、等温線の12℃の方向から15℃の方向に向けて吹く風のことを寒気移流（図中の②の風）といいます。では、この等温線に沿って風が吹いている場合はどうでしょうか。この場合は暖かい側からも冷たい側からも風は吹いてきていないので、移流なし（図中の③の風）ということになります。

　このように、暖気移流か寒気移流かを判断するときには、必ず等温線と風向との関係をみていかなければいけなりません。私たちのイメージでは南か

ら吹いてくる風が暖気移流で、北から吹いてくる風を寒気移流と判断してしまいかねませんが、場合によってはそのような風でも移流なしということもあるからです。

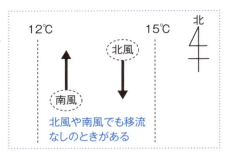

　次に、**温度風の関係**という、風の吹き方の法則のようなお話をしていきます。この温度風の関係とはいったいどのようなものなのでしょうか。それは温度に水平方向の温度差、つまり水平傾度があるために、地衡風が高度とともに強くなる、つまり変化する関係です。順を追ってお話ししていきます。

大きさの違う同じ１hPaの空気を比べる

　右の図を見てください。例えば、暖かい空気（Wの記号：warmの略）と冷たい空気（Cの記号：coldの略）の球があるとします。この２つの球は暖かい空気の球のほうが大きく、冷たい空気の球のほうが小さくなっています。しかし、大きさこそ違いますが、ともに１hPaの重さの球ということにします。

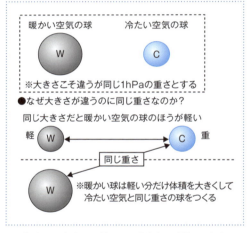

　では、なぜこの２つの球は大きさが違うのに同じ１hPaの重さなのでしょうか。それは、暖かい空気は冷たい空気に比べて軽く、逆に冷たい空気は暖かい空気に比べて重たいからです。その暖かく軽い空気と冷たく重たい空気で同じ大きさの球をつくれば、もちろん暖かい空気のほうが軽く、冷たい空気のほうが重たくなります。つまり、暖かく軽い空気で冷たく重たい空気と同じ重さの球をつくろうとすれば、暖かい空気はその軽い分だけ体積を大きくしないと同じ重さにはなれないことになります。だから、暖かい空気と冷たい空気は大きさこそ違いますが、同じ１hPaの重さとなるのです。

そこで、仮に暖かい空気の球の体積を冷たい空気の球の2倍まで大きくしたときに、ともに1hPaの重さに相当するという条件のもとに話を進めていきましょう。

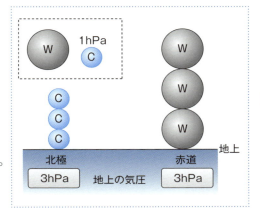

右の図のように、赤道と北極があるとします。もちろん赤道は暖かく、北極は冷たくなっています。このことから、先ほどの1hPaの球でも、赤道上には暖かく大きいほうが3つ、北極上には冷たく小さいほうが3つ、それぞれあると仮定してみましょう。

では、このときの赤道と北極での地上の気圧はいくらになるのでしょうか。地上で気圧を測るということは、地上より上にある空気の重さを測るということですから、赤道も北極もその上に大きさこそ違いますが、同じ1hPaの空気の球が3つずつのっているので、地上での気圧は赤道も北極もともに3hPaとなります。つまり、気圧の差がない状態ということになります。

では、この赤道と北極の気圧の差が上空に向けていったいどのように変化するのでしょうか。今からみていきます。

まず、右の図のaの高さで気圧がどのくらいになるかをみていきます。aの高さで気圧を測るということは、aの高さより上にある空気の重さを測るということです。赤道はaの高さより上に暖かい空気の球が2つと半分のっているので

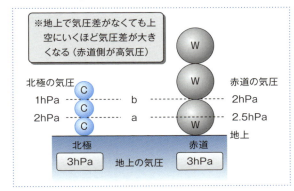

2.5hPaです。北極はaの高さより上に冷たい空気の球が2つのっているので2hPaです。このように、地上では気圧差はなかったのに、aの高さでは赤道のほうが気圧が高くなり、気圧差は0.5hPaとなりました。

第6章 ● 大気の運動　253

次に、先ほどのaの高さよりも、もう少し上空のbの高さで気圧がどのようになるかを見ていきます。bの高さで気圧を測るということは、bの高さより上にある空気の重さを測るということです。赤道はbの高さより上に暖かい空気の球が2つのっているので2hPaです。北極はbの高さより上に冷たい空気の球が1つのっているので1hPaです。このように、bの高さもaの高さと同様に赤道のほうが気圧は高くなり、aの高さのときよりも北極と赤道の気圧の差が1hPaと大きくなりました。

なぜこのような結果になるのかというと、空気の温度に差があると、同じ1hPaの球でも、その大きさに違いができるからです。

暖かい空気と冷たい空気

つまり同じ1hPaの球であれば、暖かい空気の球のほうが、冷たい空気の球よりも大きいのです。この大きさの差こそが上空の同じ高さで気圧を比べた場合に気圧差を発生させる原因(右図参照)であり、暖かい空気が対応している場所のほうが気圧が高くなる理由です。これは空気の球1つ分の話ですが、

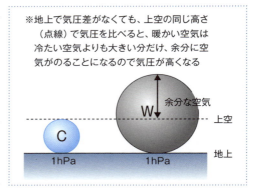

※地上で気圧差がなくても、上空の同じ高さ(点線)で気圧を比べると、暖かい空気は冷たい空気よりも大きい分だけ、余分に空気がのることになるので気圧が高くなる

この関係を上に何段も何段も積み重ねていくことにより、上空ほど気圧差が大きくなるという結果になります。

そして、上空にいくほど気圧差(気圧傾度)が大きくなるということは、そこにはたらく気圧傾度力も大きくなります。つまり、上空ほど風が強く吹くということがいえるのです。

また、赤道のほうが上空では気圧が高く、北極のほうが気圧は低くなるので、気圧傾度力は赤道から北極に向かってはたらくことになります。理論上の風はこの気圧傾度力と同じ方向に向かって吹くはずですが、実際の風はコリオリ力によって北半球では右に曲げられるため、暖かい側、つまり赤道側を右手にみるように吹いています。逆に、南半球ではコリオリ力により風が

左に曲げられるため、暖かい側を左手にみるように吹きます。もしこの風に右手と左手があれば、右手の方向に暖かい側があるように北半球では風が吹くことになります。

今までの話をまとめると、赤道と北極のように水平方向に温度差がある場合、地上で気圧差

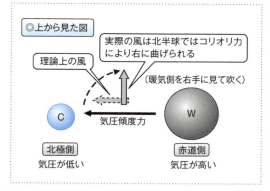

がなくても、上空にいくほど気圧差が大きくなるので、そこで吹く風が地衡風であれば、北半球では暖気側を右手、南半球では暖気側を左手にみるように、上空ほど強い風が吹くことになります。これが温度風の関係とよばれるものであり、温度差があれば風は吹き、その吹き方には特徴があるという風の吹き方の法則のようなものを示しているのです。

☁ ホドグラフ

ある地点で観測された風の高度分布を表した図にはいろいろなものがあり、その中でよく使用されるのが**ホドグラフ**です。ホドグラフというのは各気圧面で観測された風をベクトルで表したものです。右図にその例を示しておきますが、各気圧面と高度の関係は次の通りです。

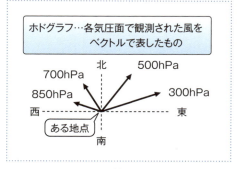

850hPaは約1500m、700hPaは約3000m、500hPaは約5500m、300hPaは約9000mとなり、このホドグラフを使って、北半球では下層から上層に向かって風が時計回りに回転、つまり順転していたら暖気移流、逆に反時計回りに回転、つまり逆転していたら寒気移流があると判断できます。上のホドグラフの例の図において、北半球であるとした場合、風は下層（850hPa）から上層（300hPa）に向かって時計回りに回転しているために暖気移流があると推測できます。

地上付近を3つの層に分ける

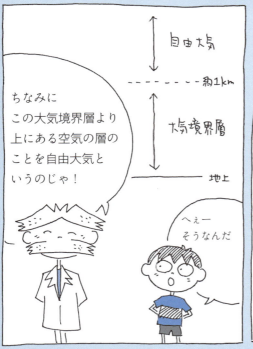

6-9 大気境界層

大気境界層は3つの層に分かれる

　大気境界層というのは、先ほど博士がいっていたように、下層から**接地層**、**対流混合層**、**移行層**と3つの層に分けることができるのですが、これら3つの層がはっきりと現れるのが、一般的に太陽が昇っている昼間です。これが、太陽が沈んだ夜間になると、また様子が変わります。つまり、太陽が昇っている昼間は地表面が最も暖かくなり、太陽が沈んだ夜間が最も冷たくなるので、地表面に最も接している大気境界層は、その温度の影響をよく受けるのです。

　そのほかにも、建築物や森林などの地表面の状態によっても大気境界層は影響を受けますし、陸地と海上なら陸地のほうが一般的に大気境界層は厚いのですが、今回は話を簡略化するために、裸地での大気境界層のお話をします。

☁ 接地層

　では、まず昼間（晴天時）の大気境界層の様子をみていきます。昼間の大気境界層のうち、最も下層を**接地層**といい、直接地表面に接している層をいいます。太陽からの光を最も吸収するのは地表面なので、昼間は最も地表面が暖かくなりますが、その暖かくなった地表面が接地層内の大気を下層から暖めます。

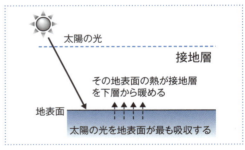

　一般的に大気が絶対不安定な状態、つまりある高度間の温度差が乾燥断熱変化の割合よりも大きくなる状態になることはないのですが、この接地層だけは絶対不安定な状態が続くことになります。そ

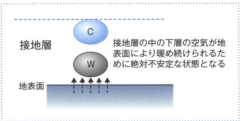

れは、暖かくなった地表面によって下層の大気が暖められ続けるために、接地層内で下層と上層の温度差が大きくなるためです。

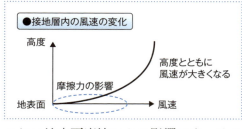

また、この接地層の中の風速の変化を見ると、一般的に地表面付近で最も風速が弱くなるのですが、これは地表面摩擦による影響です。そこから上は高度とともに風速は大きくなります。

☁ 対流混合層

次に、混合層、細かくは**対流混合層（たいりゅうこんごうそう）**についてお話しします。接地層の上にある層が対流混合層なのですが、ここでは接地層から伝わってきた熱がこの対流混合層の下層を暖めることになり、下層が暖かく上層が冷たくなる不安定な状態となります。大気が不安定な状態になれば、その空気を入れ替えようと対流、つまり空気の上下運動が起こ

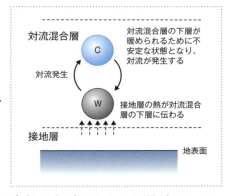

ります。対流混合層では、対流によって空気が上下によくかき混ぜられているのです。例えば、沸かしたてのお風呂のお湯を上下にかき混ぜれば一定になるように、この対流混合層でも対流によって空気が上下によくかき混ぜられているために、温位や風速、混合比がほぼ一定となっています。

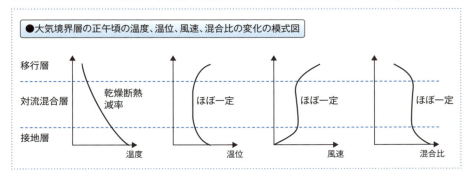

第6章 ● 大気の運動

また、高度とともに温位が一定で変化しないときというのは、空気が乾燥断熱変化（第3章の温位のところを参照）をするときなので、この対流混合層の気温変化は100mにつき1℃で、乾燥断熱変化と同じ割合となります。

☁ 移行層

　では最後に、対流混合層の上に位置する大気境界層の中では最も上層にあたる**移行層**（または遷移層）についてお話しします。

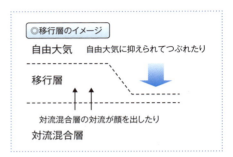

　この層は対流混合層の中の対流が顔を出したり、この層の上にある自由大気に抑えられることでつぶれたりしている層です。層がつぶれる際には、自由大気の空気が対流混合層内に取り込まれるので、この層を**エントレインメント層**ともいいます。自由大気の空気が対流混合層内に取り込まれることをエントレインメントというためです。

夜間は4つの層になる

　では、次に夜間（晴天時）の大気境界層の様子をみていきましょう。

　夜間になると、右図のように、大気境界層は下層から**接地層**、**安定（夜間）境界層**、**混合層の名残り**、**移行層**と分けることができます。

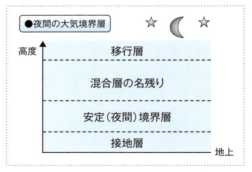

　まず夜間になると、太陽が沈むために、地表面からは地球放射によって熱エネルギーが出ていくばかりになります。そのため、地表面の温度が最も低くなり、地表面に接する接地層の大気も冷やされます。

　やがて、この気温の下降は、接地層の上の層にも伝わります。また、この気温の下降というのは下層から伝わりますから、その上層にある空気が相対的に暖かくなり、ここで高度だけでなく気温も高くなる逆転層が発生します。

これが第3章の逆転層のところでお話しした接地逆転層です。逆転層というのは上空ほど気温が高くなるために大気は絶対安定な状態となります。この逆転層の部分が安定(夜間)境界層という層に対応しています。

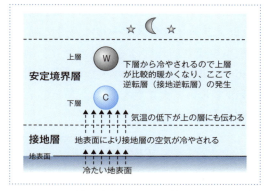

この安定境界層の上には混合層の名残りがあります。昼間は太陽の光によって地表面が暖められるので、接地層を通った熱が対流混合層に伝わり、その熱が活発な対流を発生させていたのですが、夜間になると地表面が冷えるために熱の伝達はなく、対流混合層の中での活発な対流はないので、この層を混合層の名残りとよんでいるのです。

そして、その混合層の名残りとよばれる層の上には移行層があり、さらに自由大気へと続いていきます。

🌥 キャノピー層

森林や建築物が多い都市部では、裸地の上の接地層とは性質の違う特有の層が形成されます。これを**キャノピー層**といいます。例えば、森林キャノピー層では、木の葉や幹が風に対して大きな抵抗を及ぼしています。

大気運動のスケール

気象学では、高気圧や低気圧といった天気を構成する気象現象の水平方向の大きさを**水平スケール**とし、その寿命を**時間スケール**として区分して考えることがあります。ちなみに鉛直スケールは、対流圏内の現象を想定しているなら対流圏界面(高度約10km)かそれ以下ということになります。また、水平スケールの大きさからその気象現象を、**大規模運動**(**マクロスケール**)、**中規模運動**(**メソスケール**)、**小規模運動**(**ミクロスケール**)に分けることができます。

大規模運動というのは、だいたい水平スケールが2000km以上の現象をい

います。この大規模運動はさらに**惑星規模（プラネタリースケール）**と**総観規模（シノプティックスケール）**に分けることができます。

惑星規模というのはその名の通り、地球全体やその大部分にわたって地球をめぐる現象のことをいいますが、具体的には水平スケールが数千km～数万kmぐらいの大きさをもち、次の第7章のところでお話しするプラネタリー波などがこれにあたります。

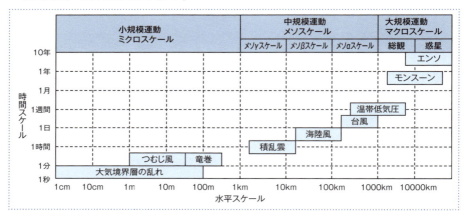

総観規模というのは水平スケールが2000～5000kmぐらいの現象のことで、高気圧や低気圧などがこれにあたります。

中規模運動というのは別名を**メソスケール**といいますが、メソという言葉には中間という意味があり、具体的には水平スケールが2～2000kmぐらいの大きさの現象のことで、台風や積乱雲などがこれにあたります。

このメソスケールは、さらに**メソαスケール**（水平スケール200～2000km）、**メソβスケール**（水平スケール20～200km）、**メソγスケール**（水平スケール2～20km）に細分することができます。

小規模運動というのは水平スケールが約2km以下の現象であり、つむじ風や大気境界層内の乱れなどが

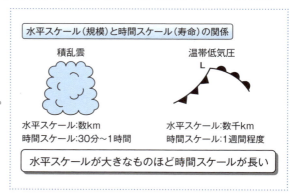

これにあたります。

　また、前ページの図からもわかるように、一般的に水平スケールの大きなものほど時間スケール（寿命）も長い傾向があります。

ボイス・バロットの法則

　地上風の経験則として、古くから航海者の間で用いられているものに、**ボイス・バロットの法則**があります。

　この法則は、1857年にオランダの気象学者ボイス・バロットが提唱したもので、「北半球では風を背にして立ったとき、左手前方に低気圧の中心がある」というものです。これは、右の図のように、北半球での地上付近の低気圧の風が、反時計回りに中心に向かって吹き込むような流れのことをいっています。

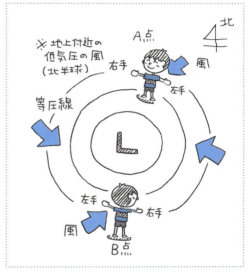

　では、このとき図のA点では風が北東側から南西側に向かって吹いているわけですが、学君のように風に背を向けて立つと左手前方には低気圧の中心があることになります。

　また図のB点でも、風はA点とは逆の流れの南西側から北東側に向かって吹いていますが、学君のように風に背を向けて立つと、A点のときと同じように、左手前方に低気圧の中心があることになります。

　このように、ボイス・バロットの法則を用いることによって、風の吹き方を見るだけでどの方向に低気圧の中心があるのかがわかるのです。

空気は集まったり離れたりする

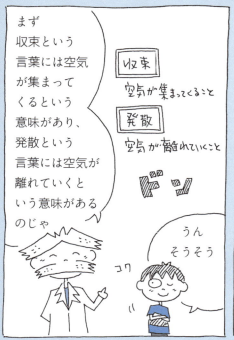

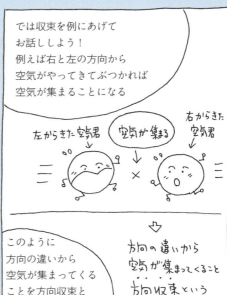

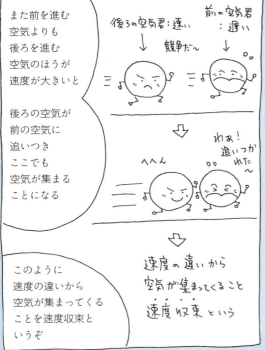

6-10 収束・発散

収束・発散と天気の良し悪し

この**収束**と**発散**がどこで発生するかによって、上昇流や下降流がどこで発生するかがわかります。

例えば右の図のように、何らかの理由によって大気の下層で発散が起こると、その場所で空気が離れていくわけですから、その部分の空気を補わないとならなくなります。ではどこから空気を補うか、それは、上層からです。つまり、ここで下降流が発生することになります。

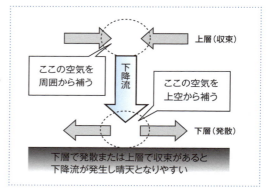

次に、上層も下層へと空気を補うことにより、その部分の空気をどこかから補わないといけなくなります。ここでは周囲から空気を補うため、周囲から空気が集まってくることになるので、収束が発生するのです。このように、下層で発散があると下降流が発生するため晴天になりやすくなります。ちなみに今回は下層で発散すると仮定しましたが、上層で収束しても結局は同じような空気の流れになります。

次に右の図のように、今度は下層で何らかの理由により収束が発生したとします。すると、その場所に空気が集まってくることになるので、その空気をどこかへ逃がしてやらないといけなくなります。では、どこに空気を逃がすかというと、上層に

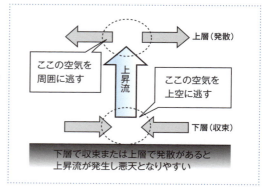

向けてなのです。つまり、ここで上昇流が発生します。

　次に上層では下層から逃げてきた空気を受け取ることになるので、その部分の空気をどこかに逃がさないといけなくなります。どこに逃がすか。ここでは周囲に向けて逃がします。つまり、上空では空気が離れていくことになるので、発散が発生するのです。このように、下層で収束があると上昇流が発生するため悪天となりやすくなります。今回は下層で収束すると仮定しましたが、上層で発散しても結局は同じような空気の流れになります。

風速につける符号

　この気象学では風向により＋（正）と－（負）の符号をつけて、計算に用いることがあります。

　右図のようにX軸（東西方向）とY軸（南北方向）があり、X軸は図の右にいくほど、つまり東に向かうほど数値が大きくなるように目盛りが取られています。

　同じようにY軸は図の上にいくほど、つまり北に向かうほど数値が大きくなるように目盛りが取られています。

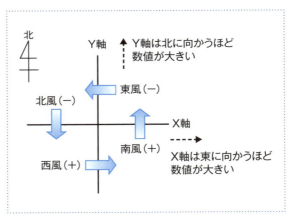

　ここで西から東へ吹く西風が吹くと、X軸を値が大きくなる方向（東）へ進むために風速に＋をつけます。逆に東から西へ吹く東風が吹くと、X軸を値が小さくなる方向（西）へ進むために風速に－をつけます。同様に南から北へ吹く南風が吹くと、Y軸を値が大きくなる方向（北）へ進むために風速に＋を、逆に北から南へ吹く北風が吹くと、Y軸を値が小さくなる方向（南）へ進むために風速に－をつけます。

　以上のことをまとめると、西風と南風には＋の符号、東風と北風には－の符号をつけて計算に用いることがありますので知っておいてください。

反時計回りと時計回りの渦

では次に渦度についてお話ししていくよ

渦度？何だそりゃ？

渦度とは回転の方向と強さの度合いを表した数値なのじゃ！天気図上での単位は×10⁻⁶/sじゃぞい

渦度
回転の方向と強さの度合いを表した数値（単位：×10⁻⁶/s）

だから渦の度合いと書いて渦度なのか！

この渦度には正渦度と負渦度があるのじゃがこの正（＋）と負（－）は回転の方向を表すもので正渦度は反時計回り、負渦度は時計回りの回転の方向を表すのじゃ！

渦度には
○正（＋）渦度
　反時計回りの渦
○負（－）渦度
　時計回りの渦

例えば渦度の値が＋100×10⁻⁶/sと表されていたら＋（正）が反時計回り100×10⁻⁶/sが渦の強さをあらわしているのじゃよ

渦度の値
＋ 100×10⁻⁶/s
↑　　　↑
反時計回り　渦の強さ

なるほど～

あら～！

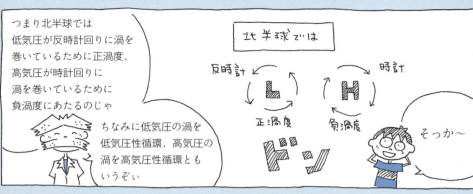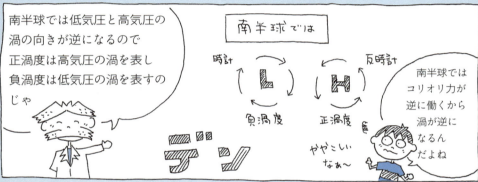

6-11 渦度

回転の方向と強さの度合いを表す渦度

　回転の方向や強さの度合いを表した数値のことを渦度とよんでいますが、この渦度というのはどのようなときに生じるものなのでしょうか。

　先ほどの博士のお話にあった低気圧や高気圧のように、風が渦をまいているときにもちろん渦度は発生しますが、風が渦をまかなくても波打ちながら吹いているようなときにもこの渦度というのは存在します。

　例えば右の図（上を北とする）のように、風が波打ちながら西から東の方向に吹いていたとします。このとき、図のA点では、風の流れを考えると反時計回りに流れていますから、この部分は正渦度に対応することになります。

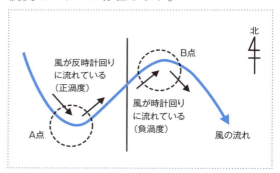

また、図のB点では、風の流れを考えると時計回りに流れていますから、この部分は負渦度が対応することになります。このように、風が渦をまかずに波打ちながら吹いているようなときにも、この渦度は存在します。

　このほかにも風の水平シア、つまり水平方向の風の風速や風向の差があれば、渦度というのは発生します。では、それを今からお話ししていきます。

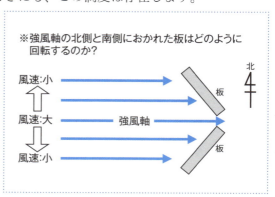

　例えば上を北とする右の図のように、風の強さをベクトルで表した場合に、図の中央

の風を最も強い風とし、そこから周囲に向けて風は順に弱くなっていくものとします。そして、この図の中で最も強く吹いている風を強風軸とよぶことにします。では、この強風軸の北側と南側に図のような板をおいてみます。そして、今からこの板がそれぞれどのように回転するのかを見ていきます。

強風軸と渦度

まず強風軸の北側にある板は、ここで吹く風の強さ（矢印の長さ）を考えると、その板の下側ほど強く押されることになるので、この板は反時計回りに回転することになります。このように考えると、この強風軸の北側では反時計回りの渦が発生していることになり、正渦度の渦が発生していることになります。

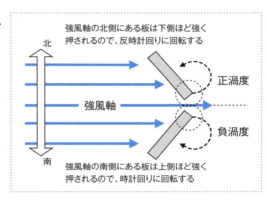

強風軸の南側にある板も同じように考えると、今度はその板の上側ほど強く押されることになるので、この板は時計回りに回転することになります。このように考えると、この強風軸の南側では北側とは逆に時計回りの渦が発生していることになり、負渦度の渦が発生していることになります。このように、風に水平シアというものがあれば、特に風の渦や波がなくても渦度というのは発生することがわかります。

この結果から、強風軸が渦度の分布から見たときにどのようなところに対応しているかというと、強風軸をはさんで北側には正渦度、つまり反時計回りの渦があり、南側には負渦度、つまり時計回りの渦がある状態で、ちょうど正渦度と負渦度の境目にこの強風軸は対応することになります。その境目のことを**渦度0線**といいます。

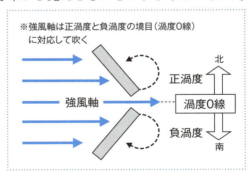

第6章 ● 大気の運動

このように、強風軸、つまり周囲に比べて風の強いところは渦度0線に対応していることが多いので、渦度の分布をみれば、どこで強い風が吹いているのかが推定できるのです。

☁ 角運動量保存則

角運動量保存則というのは、「回転する物体の回転半径と回転速度をかけた数値は一定に保たれる」という法則です。$R_1 V_1 = R_2 V_2 =$ 一定（R：回転半径　V：回転速度）と表すことができます。

●角運動量保存則
$R_1 × V_1 = R_2 × V_2 =$ 一定
（R：回転半径　V：回転速度）

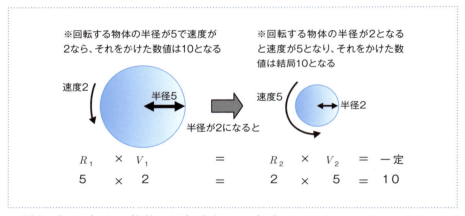

例えば、回転する物体の回転半径が5（R_1）だったとして、そのときの回転速度が2（V_1）だったとします。この2つをかけた数値はこの場合10ということになります。つまり、この回転半径と回転速度をかけた10という数値は、その物体の回転半径や回転速度が変化しても、変わらないというのがこの角運動量保存則です。

では、この回転している物体の半径が仮に2まで小さく（R_2）なると、角運動量保存則より回転半径と回転速度をかけた10という数値は変わらないので、そのときの回転速度は5まで大きく（V_2）ならないとこの法則は成り立ちません。つまり、物体の回転半径が大きいと回転速度は小さいのですが、回転半径を小さくするとその分回転速度が大きくなることを表しています。

収束・発散と渦度の関係

　収束・発散と渦度には関係があります。収束があると渦度は増加し、逆に発散があると渦度は減少します。では、なぜそのようになるのかというのを今からお話しします。

　例えば、ろくろ台の上で回っている粘土を手で横から押すと、粘土は上に伸びますが、その分だけ回っている粘土の半径が小さくなります。それと同じように、反時計回りに回転する物体（この物体は液体のように形が変化するもの

とします）があり、そこに収束があるとこの回転する物体は横から力を加えられるために上に伸びますが、その分だけ半径が小さくなります。

　ここで思い出してもらいたいのが角運動量保存則であり、回転する物体の回転半径が大きいと回転速度が小さくなり、逆に回転する物体の回転半径が小さいと回転速度が大きくなるという法則です。つまり、この反時計回りに回転する物体は収束により上に伸びますが、

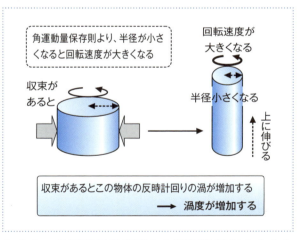

その分だけ半径は小さくなります。角運動量保存則より回転半径が小さくなると、この物体の回転速度が大きくなります。この物体は反時計回りに回転していると仮定していましたから、その反時計回りの渦がここで増加します。＋10から＋30のようなことです。このような理由から、収束があると渦度が増加します。

同じように、反時計回りに回転する物体があり、今度はそこに発散があるとします。発散によって物体は周囲に引っ張られるようになるので下に縮みますが、その分だけこの物体の回転半径が大きくなります。

角運動量保存則より回転半径が大きくなると、この物体の回転速度が小さくなるので、この物体は反時計回りに回転していると仮定していましたから、その反時計回りの渦がここで減少することになります。＋30から＋10のようなことです。このような理由から、発散があると渦度が減少します。このように、渦度というのは収束や発散があるとその値が変化してしまうのです。

渦度は、冒頭で博士がお話ししていましたが、水平成分ではなく鉛直成分を表すものです。台風(低気圧の一種)を例にあげると、地上付近で吹き込んだ風(収束)というのは渦をまきながら上昇し、対流圏界面付近の高度約11kmで吹き出し、つまり発散しています(右上図参照)。

このように、台風の渦というのは地上付近から対流圏界面付近まで渦をまいているものであり、渦度というのはこの鉛直成分の渦の中のある水平面、例えば500hPa面など

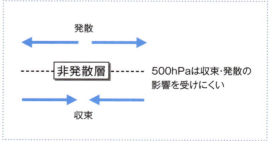

274

での風の曲率(曲がる割合)や水平シアなどをみて考えることが多いのです。また、この渦度というのは、収束や発散があるとその値が変化してしまうのですが、500hPaの高さ(高度約5500m：対流圏中層)はその収束や発散の影響が少なく渦度の保存性がよいので、その層を非発散層といいます。このような理由から、500hPaの高さで渦度は解析されています。

気圧の谷(トラフ)と気圧の尾根(リッジ)

　高層天気図というのは気圧を一定とした天気図で、例えば500hPaの高層天気図は気圧はどこでも500hPaで一定です。また、500hPaになる高さを表した等高度線が描かれています。

　この高層天気図では高度の高いところを気圧の高いところとし、高度の低いところを気圧の低いところとした[※1]わけですが、この高層天気図では北半球では一般的に南側のほうが高度が高く、北側のほうが高度が低いのです。

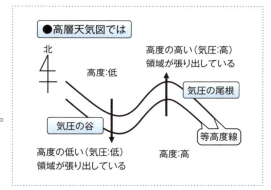

　なぜそのようになるのかというと、北半球では南側のほうが暖かく北側のほうが冷たいからです[※2]。

　そのような理由から、等高度線が南側に張り出している場所というのは高度および気圧の低い領域が張り出しているため、**気圧の谷(トラフ)**といいます。逆に等高度線が北側に張り出している場所というのは高度および気圧の高い領域が張り出しているため、**気圧の尾根(リッジ)**といいます。

※1) 第6章第1節「天気図」の内容を参照してください
※2) 第3章第2節「理想気体の状態方程式」と第3節「静水圧平衡(静力学平衡)」の内容を参照してください

さらに地球も回っている！

では次に絶対渦度についてお話ししていくよ

絶対渦度？また難しい言葉が出てきたね

この前の渦度のところでは北半球では低気圧の渦を正渦度、高気圧の渦を負渦度といったわけじゃが……

風の曲率やシアから発生する渦（例：低気圧や高気圧）
↓
相対渦度

そのように風の曲率やシアから発生する渦のことを総称して相対渦度というのじゃ

へぇー相対渦度かぁ

また地球は自転しているわけじゃがこの地球の自転を惑星渦度というのじゃ

地球の自転を惑星渦度という

地球君

そうか〜地球も渦をまいていることになるんだね

じゃあ絶対渦度って何かというと相対渦度と惑星渦度を足したものなのじゃ！

相対渦度
＋
惑星渦度
↓
絶対渦度

つまり低気圧や高気圧の渦と地球の自転を足したものだね！

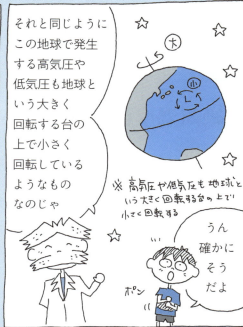
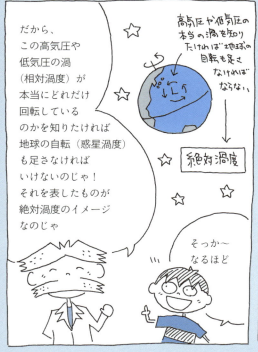

6-12 絶対渦度

絶対渦度保存則

　渦度、詳しくいうと**相対渦度**とは、収束や発散があるとその値が変化するとお話ししましたが、500hPa面を収束や発散がほとんどない非発散層とすると、その500hPa面では**絶対渦度**（**相対渦度＋惑星渦度**）は保存されます。それを**絶対渦度保存則**といいます。

　例えば、相対渦度が8で惑星渦度が2だとすると、その2つを足した10が絶対渦度となります。

　絶対渦度保存則によるとこの絶対渦度というのは10で変わらない※ので、もし相対渦度が2と小さくなれば惑星渦度は8まで大きくならないとこの絶対渦度保存則は成り立たないことになります。

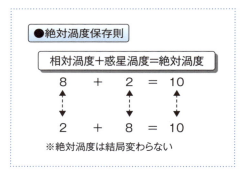

　つまり、相対渦度が大きくなると惑星渦度が小さくなり、逆に相対渦度が小さくなると惑星渦度は大きくなることを表した法則なのです。

　この法則を使えば高気圧や低気圧が地球の上を北や南に移動したときに、その渦が増加するのか減少するのかがわかります。これをお話しする前に、まずは惑星渦度についてお話しします。

　惑星渦度というのは地球の自転のことですが、別名を**コリオリパラメータ**ともよび、$2\Omega\sin\phi$（Ω：地球の自転角速度7.3×10^{-5}/s　ϕ：緯度）と記号で表すことができます。この記号の中で2とΩは一定なので、この惑星渦度というのは$\sin\phi$の中でもϕの緯度によってその値が変わります。緯度は、北半球なら北緯、南半球なら南緯となりますが、南緯をここに代入するときは−（マイナス）をつけて下さい。

　さて、惑星渦度を考えるうえで注意しなければならないことがあります。

※非発散層での話

それは、地球は、北極側（上）からみると反時計回りに、逆に南極側（下）からみると時計回りに自転をしているものなので、北半球と南半球で渦の向きが違うということです。

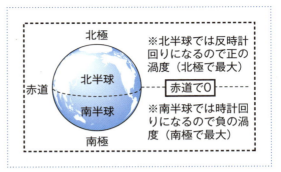

この惑星渦度も反時計回りを正（＋）で表し、時計回りを負（－）で表しますから、北半球は正の渦度でありその中でも北極が最大ということになります。逆に南半球は負の渦度でありその中でも南極が最大ということになります。そのように考えると、北半球（正渦度）と南半球（負渦度）の境目にあたる赤道では渦度が0になります。

☁ 低気圧の渦

では、北半球（中緯度付近）で低気圧が発生したとします。北半球では低気圧は反時計回りに渦をまいていますから正渦度です。

この低気圧が仮に北の方向に移動するとします。北の方向に移動するということは北極に近づくということですから、惑星渦度が増加します。絶対渦度保存則によると惑星渦度が増加すると相対渦度は減少することになりますから、この低気圧の渦は減少することになります。

逆にこの低気圧が南に向かうとします。今度は赤道に近

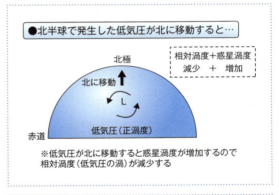

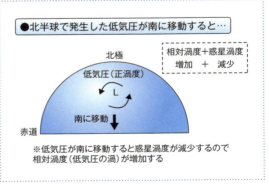

第6章 ● 大気の運動　279

づくということですから惑星渦度が減少します。同じく絶対渦度保存則によると惑星渦度が減少すると、相対渦度が増加することになりますから、この低気圧の渦は増加することになります。

このように、今回は低気圧を例にしてお話ししましたが、絶対渦度保存則を使うと高気圧の渦なども、北に移動するのか南に移動するのかでその渦が増加するのか減少するのかがわかります。

収束、発散と渦度を求める式

収束、発散や渦度には、その値を求める式（下図参照）がそれぞれあります。

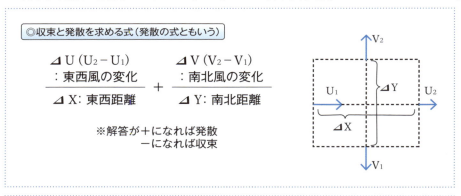

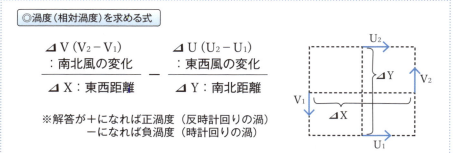

収束、発散と渦度を求める式はその形が似ていることもあり、これらの式を用いて計算する際には注意が必要です。

また、風速の値を代入する際には、西風と南風には＋、東風と北風には－の符号をつけて計算※するようにしてください。

※P267の「風速につける符号」を参照してください

第 **7** 章

大規模な大気の運動

赤道と北極・南極ではなぜこんなに温度が違うの？

この第7章ではまず熱収支についてお話ししていくよ

熱収支とは熱の出入りのことじゃ！

熱収支って前にもどこかで出てきたね

地球は太陽から放出される熱（太陽放射）を受け取るだけではなくて地球自身も熱を放出している（地球放射）わけじゃ

昼と夜の気温差はこのせいだよね

そしてその2つ（太陽放射と地球放射）が釣り合っているから地球は平均気温を保つことができるわけじゃ

地球放射 ＝ 太陽放射
※地球の平均気温が保たれる

そうそう地球ってすごいよね

だけどそのつりあいはあくまで地球全体でみた場合の話であり緯度別にみると釣り合いはとれていないのじゃ

緯度別に見ると太陽から受けとる熱と地球から放出される熱は釣り合いがとれていない！

ええ〜そうなの！

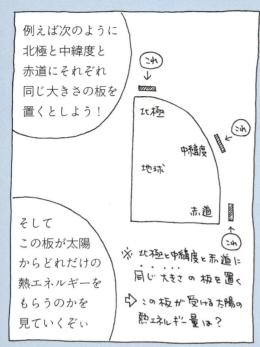
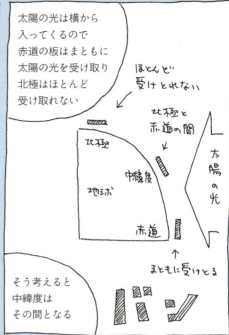

7-1 緯度別に見た熱収支

熱収支の緯度による違い

　太陽から受け取る熱エネルギーというのは、先ほど博士がお話しされていたように、赤道で大きく、北極で小さくなります。私たちが暮らしている日本のある中緯度はその間になります。緯度別にみると受け取る熱エネルギーの大きさに違いがあるのです。

　ただし、これはあくまで太陽から受け取る熱エネルギーの話。地球から出ていく熱エネルギーを、同様に緯度別にみるとどのようになっているのでしょうか。

　右の図の縦軸は放射量（W/m^2）を表しており、図の上にいくほどその値は大きくなります。また、横軸は緯度を表しており、中央が赤道（0°）です。そこから左右にいくほど緯度は大きくなり、この図の左端が南

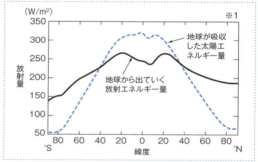

極（90°S＝南緯90°）、右端が北極（90°N＝北緯90°）です。

赤道と極の温度差

　この図の中の破線のグラフが地球が吸収した太陽エネルギー量を表しています。赤道で大きく、北極や南極で小さくなっていることがわかります。また、図の中の実線のグラフが地球から出ていく放射エネルギー量を表しており、赤道のほうが大きく、北極や南極で小さいので、確かに緯度による差はありますが、地球が吸収する太陽エネルギー量ほどに顕著な差はありません。冒頭で博士がお話ししていましたが、地球全体で見た熱収支、つまり熱の出入りは釣り合いがとれているのですが、このように地球を緯度別に見ると熱

　　※1）出典：衛星観測 Earth Radiation Budget Experiment S4データセット 1985年2月～89年5月

収支には違いがあるのです。

　先ほどの図をもう一度よくみてみると、気になることがあります。それは、赤道では、地球から出ていくエネルギー量よりも地球が吸収する太陽エネルギー量のほうが大きくなっており、逆に北極や南極では地球が吸収する太陽エネルギー量よりも地球から出ていくエネルギー量のほうが大きくなっていることです。

　太陽からエネルギーを受けたり、地球からエネルギーが出ていったりという熱のやりとりは、いわば毎日のことです。そのため赤道では、地球が吸収する太陽エネルギー量のほうが毎日大きいことになるので、温度は上昇する一方であり、逆に北極や南極は地球から出ていくエネルギー量のほうが毎日大きいことになるので、温度は下降する一方であると考えられます。したがって赤道と北極や南極との温度の差が大きくなっていくばかりではないかと思えます。確かに、赤道と北極や南極というのは実際に温度差はあります。しかし、その差が大きくなり続けることはありません。もし温度差が大きくなるばかりであれば、今頃赤道は灼熱の地獄になっており、北極や南極はすべてのものが凍りつく世界になっていて、とても生物が生存できる状況ではないはずです。

☁ 熱輸送

　では、そうはならない理由はどのように説明できるのでしょうか。それは、赤道が太陽から吸収した余分な熱エネルギーを北極や南極といった高緯度に輸送しているからです。これを**熱輸送**とよび、一般的には次の3つの要素が考えられます。

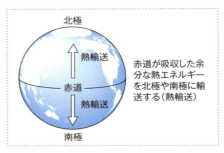
赤道が吸収した余分な熱エネルギーを北極や南極に輸送する（熱輸送）

❶大気の大循環による熱輸送
❷海流による熱輸送
❸大気中の水蒸気（潜熱）による熱輸送

　この中で熱輸送の大部分を担うのが❶の大気の大循環であり、その大気の大循環については、また次節で詳しくお話ししていきます。

　それでは、❷の海流による熱輸送を見てみましょう。例えば、日本の南を

黒潮という暖流が南から北に向かって流れていますが、これが南（低緯度）からの熱を北（高緯度）に運ぶ役目を果たしています。また、日本の北には親潮という寒流が北から南に向かって流れていますが、これも熱輸送であり、低緯度と高緯度での熱収支の差から生まれる温度差を小さくしているのです。

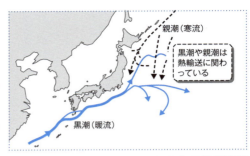

では、❸の潜熱による熱輸送（**潜熱輸送**）とはどのようなものなのでしょうか。わかりやすく簡単な例をお話しする前に、潜熱について思い出しておきましょう。

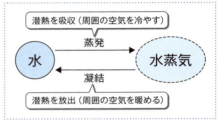

潜熱というのは、水が姿を変える、つまり相変化または状態変化のときに発生する熱のことです。例えば、水から水蒸気に姿を変えることを蒸発とよび、そのときには熱を周囲から吸収します。つまり、周囲の空気は熱を吸収されることになるので冷えます。逆に水蒸気から水に姿を変えることを凝結とよび、そのときには熱を周囲に向けて放出します。つまり、周囲の空気は熱を受け取ることになるので暖まります。これを踏まえたうえで、潜熱輸送についてお話しします。

☁ 潜熱輸送

例えば、低緯度は海面水温がほかの場所に比べて比較的高いので、海面からの水の蒸発が非常に盛んであり、空気は非常に湿っています。このとき、水が蒸発しているので、低緯度の空気から熱を吸収

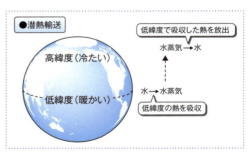

しています。その低緯度の熱を吸収した水蒸気を含んだ空気が仮に高緯度に輸送されたとします。高緯度は低緯度に比べて気温がずっと低いので、低緯度から輸送されてきた空気は冷やされることになります。このとき、もし空気

が飽和に達するまで冷やされたとすると、空気中に含まれている水蒸気が水に変わります（凝結）。つまり、水蒸気が水に変わるので、熱が高緯度の空気に向けて放出されることになります。この熱はもともとは低緯度の空気から吸収した熱ですから、その熱を高緯度で放出するということは、低緯度の熱を高緯度へ輸送したことになります。以上のことから、低緯度の空気は蒸発により熱が吸収されるので冷やされ、高緯度の空気は凝結によりその熱を受け取ることになるので暖められることになります。この結果、低緯度と高緯度との熱収支の差から生まれる温度差が小さく保たれているのです。これが潜熱輸送とよばれるものです。

潜熱は鉛直方向にも輸送されている

　潜熱は先ほど熱輸送のひとつとお話ししましたが、実は鉛直方向にも輸送されており、大気の不安定な状態を解消させる働きがあります。

　例えば上空に寒気が流れ込み、地上と上空における気温差が大きくなるとします。2地点間（ここでは地上と上空）の気温差が大きくなるほど大気は不安定になり、その状態を解消するために上昇流（対流）を発生させます。そしてその上昇流の部分に積乱雲（対流雲）が発生します。

　雲ができるということは水蒸気が凝結（水蒸気から水への変化）をしていることで、潜熱が放出されて周囲（上空）の空気を暖めます。また、この積乱雲から降った雨は地上にまで落ちてやがて蒸発します。蒸発する際に潜熱を吸収し周囲（地上）の空気を冷やします。つまり積乱雲が発生することで、上空では水蒸気の凝結に伴い潜熱を放出し周囲の空気を暖め、地上では雨の蒸発に伴い潜熱を吸収し周囲の空気を冷やすことで、熱を鉛直方向（ここでは上向き）に輸送しており、2地点間の気温差を小さくしています。要は大気の不安定な状態を解消し、安定な状態にしているのです。

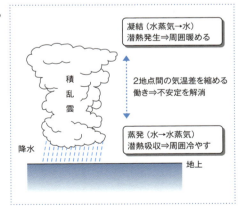

平均した風って!?

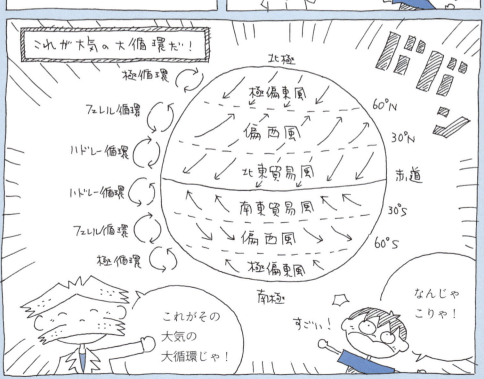

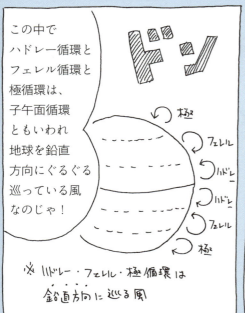

この中でハドレー循環とフェレル循環と極循環は、子午面循環ともいわれ地球を鉛直方向にぐるぐる巡っている風なのじゃ！

※ハドレー・フェレル・極循環は鉛直方向に巡る風

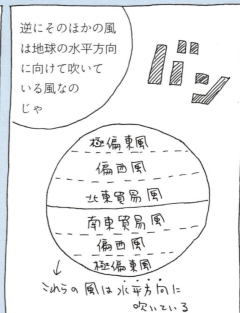

逆にそのほかの風は地球の水平方向に向けて吹いている風なのじゃ

↓これらの風は水平方向に吹いている

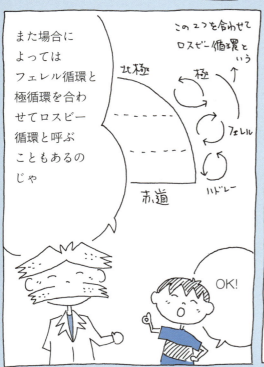

また場合によってはフェレル循環と極循環を合わせてロスビー循環と呼ぶこともあるのじゃ

OK!

ではこのあたりについてくわしくお話していこうかの

おー！

ピョン

7-2 大気の大循環

大気の大循環について

先ほどの大気の大循環によると、赤道付近というのは北東貿易風と南東貿易風という2つの気流が収束している場所です。そのような意味からこの赤道付近を**熱帯収束帯**（**ITCZ**：inter-tropical convergence zone）といいます。つまり、赤道付近では風が収束するような場所であ

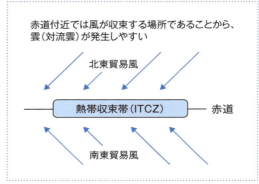

ることから上昇流が発生しやすく（くわしくは下層に風が収束した場合）、雲の中でも対流雲という鉛直方向に発達する雲をよく発生させています。そのようなことから、この付近では雨がよく降るために密林（ジャングル）とよばれるまでに植物が成長し熱帯雨林となっています。また、この熱帯収束帯付近は平均して気圧が低くその変化も小さいことから、**赤道低圧帯**ということもあります。なお、この熱帯収束帯の位置はいつでも赤道上にあるとは限らず、太陽の季節的な位置の変化にともなってその位置が変わります。夏には赤道よりも北に位置し、冬には赤道よりも南に位置しているのです。

次に緯度30°付近（右の図は北半球を例にしていますが、南半球でも同じことがいえます）を**亜熱帯高圧帯**といいます。ここは赤道付近で上昇した空気が下降してくる場所であり、天気がよいことが多く、雨もあまり降らないために空気が乾燥して

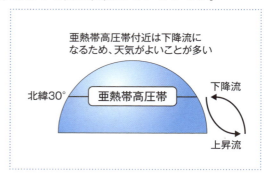

います。そのため、この地球上の砂漠地帯というのは、この亜熱帯高圧帯付近に位置していることが多いのです。砂漠地帯のイメージとしては気温の高い熱帯地方にありそうですが、実はこの亜熱帯高圧帯付近に多く存在しています。亜熱帯高圧帯というのはその名のとおり、平均すると気圧が高い地域であり、夏の頃によく聞く太平洋高気圧(別名：亜熱帯高気圧)というのはこの付近で発生します。

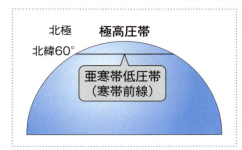

このほかにも北半球、南半球ともに緯度60°付近を**亜寒帯低圧帯**(または**寒帯前線**)といい、極付近を**極高圧帯**といいます。

3つの循環

そして、この大気の大循環による風が前節でお話しした地球の熱輸送の大部分を担っているのです。つまり、地球上を鉛直方向に吹いている風は**ハドレー循環**、**フェレル循環**、**極循環**の3つの循環に分かれています。循環とは回り巡ってもとの位置に戻る風という意味です。これらすべての循環に共通するのが比較的暖かい南側の空気を北側

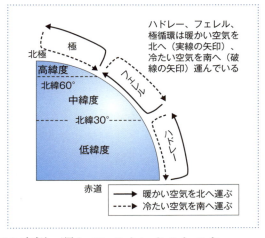

へ運び、比較的冷たい北側の空気を南側へ運んでいるということです。

このようにして、この大気の大循環により、全体的にみると低緯度側の暖かい空気を高緯度側へ運び、高緯度側の冷たい空気を低緯度側へ運んでいるため、低緯度と高緯度の熱収支の差から生まれる温度差を小さくしようとしていることになります。

ただ、この3つの循環の中でハドレー循環と極循環は比較的暖かい南側で空気が上昇し、比較的冷たい北側で下降している循環で、**直接循環**といいま

す。ところが、フェレル循環だけは逆であり、比較的暖かい南側で空気が下降し比較的冷たい北側で上昇している循環で、これを**間接循環**というのです。

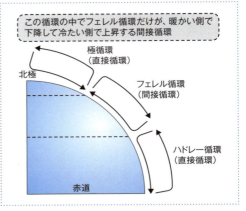

☁ フェレル循環

一般的に考えると暖かい空気は軽く冷たい空気は重いので、暖かい側で空気は上昇し冷たい側で下降するものですが、なぜ**フェレル循環**だけがそのようなおかしな循環になっているのでしょうか。

実は、このフェレル循環というのは、空気の流れを平均すると現れる見かけ上の循環なのです。例えば、地球の平均気温は15℃ですが、これはあくまで地球全体を緯度や季節に関係なく平均した気温であり、細かくみるとものすごく暑い場所もあれば、ものすごく寒い場所もあります。ただ、それを平均すると15℃といかにも過ごしやすそうな気温にみえてしまいます。平均操作のいたずらです。

このフェレル循環もそれとよく似たもので、緯度60°付近では温帯低気圧の進行方向前面にある上昇流が発達し、逆に緯度40°付近では温帯低気圧の進行方向後面にある下降流が発達するために、それを平均すると緯度40°付近（暖かい場所）で下降流となり、緯度60°付近（冷たい場所）で上昇流となる、フェレル循環がどうしても現れてしまうのです。

つまり、フェレル循環がそのような見かけの循環なのであれば、その場所には

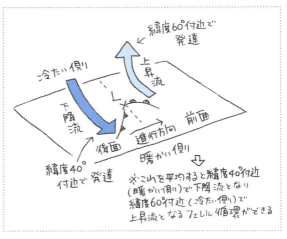

そのような循環はないことになります。では、その場所ではどのようにして暖かい空気を北側へ運び、冷たい空気を南側へ運ぶ熱輸送が行われているのでしょうか。結論をいうと、そこでは偏西風という水平方向に吹く風が、南北に波打ちながら熱輸送をしています。

☁ 偏西風波動

先ほどもお話しした通り、低緯度ではハドレー循環が、高緯度では極循環が暖かい空気を北側へ運び、冷たい空気を南側へ運ぶ熱輸送の役割をしています。そして、その間となる中緯度では偏西風という風が南北に波打ちながら、南から北に向かうときに低緯

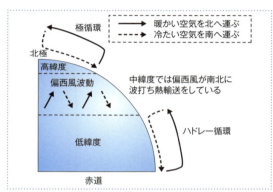

度側の暖かい空気を北側へ運び、逆に北から南に向かうときに高緯度側の冷たい空気を南側へ運びます。このように、偏西風が南北に波打つことを偏西風波動といいます。もしこのような熱輸送が行われていなければ、赤道と極での平均気温の差は、理論上80度ほどにもなると考えられるのですが、この熱輸送のおかげで、実際の気温の差は約40度となっているのです。

第7章 ● 大規模な大気の運動　293

偏西風の中で特に強い風

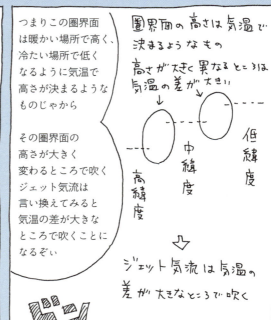

7-3 ジェット気流

水平方向に吹く強い気流

ジェット気流は、くわしくは狭い範囲に集中してほぼ水平方向に吹く強い気流のことを意味するのですが、このジェット気流と名前のつく強い風には数種類あり、ここではその中でも代表的な**亜熱帯ジェット気流**と**寒帯前線ジェット気流**についてお話しします。

亜熱帯ジェット気流

まず**亜熱帯ジェット気流**(Js：subtropical jet stream)は、低緯度圏界面と中緯度圏界面の段差が大きなところで吹く、偏西風の中でも特に強い風のことをいいます。

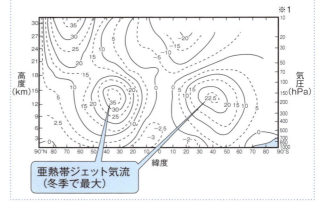

亜熱帯ジェット気流
(冬季で最大)

右の図は12～2月における南北鉛直断面図(地球を北から南の方向に切って横から見た図)であり、平均された東西風の分布を表しています。

図の見方を説明します。左が北半球、右が南半球で横軸には緯度がとられており、縦軸には高度(km)と気圧(hPa)がとられています。また、図の中の数字は風速(m/s)を表しており、数字の前の符号は風の方向を表しています。－は東から西に吹く東風を表しており、ここでは符号が省略されていますが＋は西から東に吹く西風を表しています。

この図をみると、南北両半球ともに緯度30°付近の上空12km付近(200hPa付近)で西風が強く吹いていますが、これが今お話ししている亜熱帯ジェット気流です。この亜熱帯ジェット気流というのは時間的にも空間的、位

※1) 出典：日本気象学会編、気象科学事典、p.161、図1上、1998

置的なものにも変動が小さいため、この図のような平均された図でも明確に確認することができます。

🌥 寒帯前線ジェット気流

次に**寒帯前線ジェット気流**（Jp：polar front jet streamの略）というのは、中緯度圏界面と高緯度圏界面の段差が大きなところで吹く強い西風（偏西風）です。中緯度でおもに発生する温帯低気圧の活動と関係しており、ものすごく簡単にいうと温帯低気圧もこの寒帯前線ジェット気流も、同じ温度差の大きいところに発生するので関係があるのです。

2つのジェット気流がどう吹くのか

右の図は1997年2月1日の300hPa（高度約9000m）における風速分布を表した図です。

図の見方を説明します。まず、図の中央が北極であり、日本はその北極から見て左下のほうにあります。また、図の中の太実線の矢印が亜熱帯ジェット気流であり、太破線の矢印が寒帯前線ジェット気流を表しています。

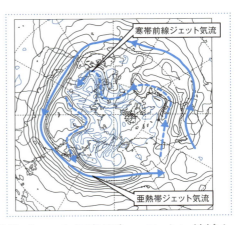

この図からもわかるように、寒帯前線ジェット気流が吹いていない地域もあれば、亜熱帯ジェット気流と共存して2つのジェット気流が吹いている地域もあります。そして、亜熱帯ジェット気流に対して、寒帯前線ジェット気流は南北に大きく蛇行していることも特徴です。また、日本付近の上空や北米大陸上空などでは、亜熱帯ジェット気流と寒帯前線ジェット気流が合流して、ただ1本のジェット気流となっていることがあります。このように、寒帯前線ジェット気流というのは、時間的にも空間的にも変動が大きいので、前ページのような平均された図では確認することは難しいのです。

また、この2つのジェット気流の特徴として、夏季よりも南北の温度差が

大きくなる冬季に強くなることがあります。特に寒帯前線ジェット気流は季節的な位置変化も大きく、夏よりも冬に赤道側に近いところで吹きます。

☁ 季節風

季節風というのは、季節的(特に夏季と冬季)に地表面付近の卓越する風であり、風向が大きく変わる風系のことをいいます。また、この季節風のことを**モンスーン**ともいいます。

このモンスーンというのは、西アフリカの海岸地域と中米の一部の地域でも確認することができるのですが、この季節風がよりはっきりしている地域としては東南アジアやインド、そして日本などがこれにあたります。ここで吹く季節風のことを詳しくは**アジア・モンスーン**といいますが、単にモンスーンといえばこのアジア・モンスーンを表していることが多いのではないでしょうか。

では、なぜこのように季節によって大きく風向が変化するのでしょうか。結論を先にいうと、陸と海の性質の違いにあります。陸は暖まりやすいのですが、その分冷めやすい性質があるので、温度の変化が大きいのです。逆に海は暖まりにくいのですが、その分冷めにくいという性質があるので、陸に比べて温度の変化はそれほど大きなものではありません。この陸と海の性質の違いをしっかりと意識しながら日本付近のシベリア大陸と太平洋を例にして、今からこの季節風についてお話ししていきます。

☁ 夏と冬

まず夏というのは、私たちの実感でもあるように、日射が強くなります。では、陸と海ではどちらのほうが気温が上昇しやすいのでしょう。それは、暖まりやすい陸です。そのような理由から、太平洋よりもシベリア大陸のほうが気温が上昇しやすく、その大陸上にある空気も気温が上昇し、空気の密度が小さくなるので、気圧は低くなります。つまり、シベリア大陸上の気圧が低くなるので、太平洋上の気圧は相対的に高くなり、風は気

圧の高い側から低い側に向けて吹く性質があることから、このとき太平洋側（南側）からシベリア大陸（北側）に向けて風が吹くことになります。これが夏のパターンです。

次に冬は、私たちの実感でもあるように、日射が夏に比べて弱くなります。つまり、陸はそれほど気温が上昇しないのです。そのため、シベリア大陸よりも温度の変化が小さい太平洋のほうが相対的に気温が高くなり、その太平洋上にある空気の気

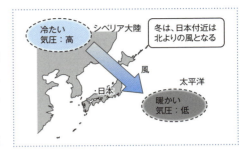

温も高くなり、空気の密度が小さくなって、気圧は低くなります。つまり、太平洋上の気圧が低くなるので、相対的にシベリア大陸上の気圧が高くなり、風は気圧の高い側から低い側に向けて吹く性質があることから、このときシベリア大陸（北側）から太平洋側（南側）に向けて風が吹くことになります。これが冬のパターンです。

気団について

1000km以上にわたって水平に広がる大陸や海洋のように、表面の状態が一様である地域に大気が長いあいだ（例：1週間以上）停滞していると、特有の性質をもった空気の塊ができます。これを気団といいます。気団が発生する場所を発源地とよび、気団が発源地から移動するにつれて変質し、これを特に気団変質といいます。日本付近の気象には1年を通じて、いくつかの気団が影響を与えています（下図参照）。

気団名	発源地	活動期	性質	対応する高気圧
シベリア気団	シベリア大陸	主に冬	低温・乾燥	シベリア高気圧
小笠原気団	小笠原方面の海上	主に夏	高温・多湿	太平洋高気圧（小笠原高気圧）
オホーツク海気団	オホーツク海	梅雨期及び秋りん期	低温・多湿	オホーツク海高気圧

※春や秋には中国大陸の長江（揚子江）流域で発生する高温で乾燥した空気の性質（揚子江気団ということもある）を持つ移動性高気圧が日本付近に影響を与える。

空気はなかなか混じり合わない!?

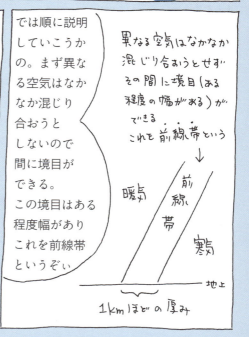

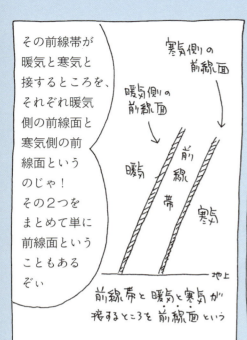

その前線帯が暖気と寒気と接するところを、それぞれ暖気側の前線面と寒気側の前線面というのじゃ！
その2つをまとめて単に前線面ということもあるぞい

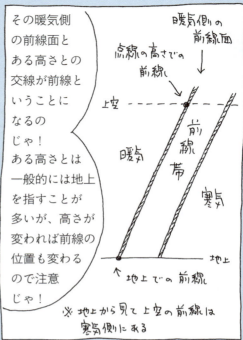

その暖気側の前線面とある高さとの交線が前線ということになるのじゃ！
ある高さとは一般的には地上を指すことが多いが、高さが変われば前線の位置も変わるので注意じゃ！

そしてこの前線には暖気や寒気の勢力により次の4種類に分けられるのじゃ

前線には
① 温暖前線
② 寒冷前線
③ 閉塞前線
④ 停滞前線

へぇ〜
前線って4種類もあるんだね

ではこの前線についてくわしくお話ししていこうかの！

よしがんばろう！

7-4 前線

しとしと雨を降らせる温暖前線

温暖前線というのは、暖かい空気が冷たい空気の上をはいあがるように押し進める暖気の勢力のほうが強い前線です。

右の図のように、暖かい空気と冷たい空気がぶつかれば、異なる空気というのはなかなか混じり合おうとしないので、間にある程度幅のある境目ができます。この境目のことを**前線帯**とよび、前線帯の暖気側の前線面と地上とが交わるところにこの温暖前線は引かれます。

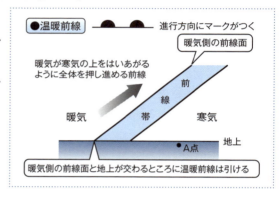

そして、この冷たい空気の上を暖かい空気がはいあがるように全体的に押し進めていく前線を温暖前線といいます。つまり、暖気のほうが押す力が強いのでこの図でいうと左から右の方向に向かって、この温暖前線は進んでいくことになります。そのため、図の中のA点では、最初はこの前線の寒気側に位置していたとしても前線がA点の方向に向かって進んでくるので、温暖前線が通過すると今度は暖気側に位置するようになります。その結果、気温が上昇するのです。

また、冷たい空気の上を暖かい空気がはいあがる部分に雲が発生するのですが、その傾斜が比較的緩やかなので水平方向に広がる**乱層雲**が発生します。その乱層雲からは**地雨**（**しとしと雨**）が降ります。

ちなみに、温暖前線の前線面の傾斜は鉛直方向1kmに対し、水平方向200km〜300kmくらいです。このあとお話する寒冷前線の前線面の傾斜は、鉛直方向1kmに対して、50km〜100kmくらいです。

しゅう雨を降らせる寒冷前線

　一方、**寒冷前線**は、暖かい空気の下に冷たい空気が潜り込むようにして押し進める前線のことをいいます。寒気の勢力のほうが強い前線です。

　暖かい空気と冷たい空気はなかなか混じり合おうとしません。そのため、その間に前線帯ができ、この前線帯の暖気側の前線面と地上とが交わるところにこの寒冷前線は引かれます（下の図参照）。

　このとき、この暖かい空気の下を冷たい空気が潜り込むようにしながら、全体的に押し進めていく前線が寒冷前線なのです。また、冷たい空気が勢いよく潜り込んでくるので、暖かい空気は上に持ち上げられてしまいます。

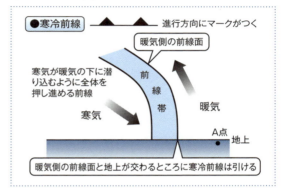

　そして、暖かい空気が持ち上げられた部分に雲が発生するのですが、その傾斜が比較的急なために鉛直方向に発達する**積乱雲**が発生します。その積乱雲からは**しゅう雨**（**にわか雨**）が降ります。

　つまり、温暖前線も寒冷前線も結局は傾斜こそ違いますが、暖かい空気が上昇する部分に雲をつくるのです。では、なぜ冷たい空気と暖かい空気がぶつかると、冷たい空気ではなくて暖かい空気が上昇するのでしょうか。それは、単純に暖かい空気のほうが密度が小さく軽いからです。

　また、右上の図のA点のように、最初は暖気側にあっても、この寒冷前線は寒気のほうが押す力が強いので、A点の方向に進みます。そのため、寒冷前線が通過すると気温は低下します。しかも、急激に気温が低下するのです。

🌥 アナ型とカタ型

　この寒冷前線は、詳しくいうと暖気と寒気の相対的な動きから、**アナ型**（**アナフロント**）と**カタ型**（**カタフロント**）の2種類に分かれます。

アナ型とは、寒冷前線にともなう前線帯の上にある暖かい空気が上昇している場合であり、この場合はその上昇気流により背の高い対流雲や強い降水を伴うことが多くなります。前ページの寒冷前線は、詳しくいうとアナ型になります。

カタ型とは、寒冷前線に伴う前線帯の上にある暖かい空気が、この前線帯に沿うように下降している場合で、この場合はその下降気流により雲の発達は不活発で、降水も伴わないことが多くなります。

寒冷前線というと天気予報などから降水を伴うイメージがありますが、場合によってはカタ型のように降水をともなわないこともあります。

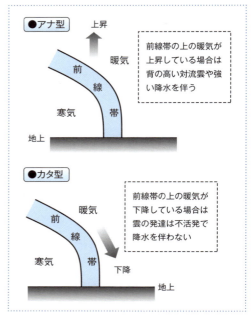

☁ 温帯低気圧と前線

温暖前線と寒冷前線は、右の図のように一般的に温帯低気圧という低気圧にともなって出現することが多いのですが、この図の上を北とすると、温帯低気圧の中心（図中×印）から東側に温暖前線が対応し、西側に寒冷前線が対応します。

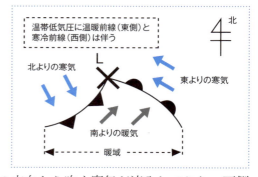

この温暖前線の東側には東よりの方向から吹く寒気が流入しており、西側には南よりの方向から吹く暖気が流入しています。そして、温暖前線の西側の暖気の勢いが、東側の寒気よりも強いのでここに温暖前線ができます。また、寒冷前線の西側には北よりの方向から吹く寒気があり、この寒気の勢いが寒冷前線の東側にある暖気よりも強いのでここに寒冷前線ができます。なお、温暖前線と寒冷前線の間に挟まれた領域のことを暖域といいます。

この温帯低気圧は大きくみて西側から東側に向けて進むので、右の図のA点のように、最初は東よりの風が吹いていても、温暖前線が通過したあとは南よりの風に変化し、さらに寒冷前線が通過すると北よりの風に変化するのです。

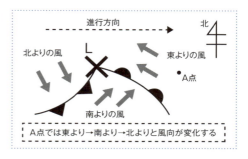

2つのタイプをもつ閉塞前線

　温帯低気圧に伴って温暖前線（中心から東側）と寒冷前線（中心から西側）は出現し、この2つの前線は温帯低気圧上を同じ方向に進むのですが、速度は寒冷前線のほうが速くなります。そのため、温暖前線と寒冷前線が温帯低気圧の中心から東側と西側にそれぞれ分かれていたとしても、寒冷前線のほうが速度が大きいために、やがては温暖前線に追いついてしまいます。そのときにできる前線が**閉塞前線**（記号： ▲▲▲▲ ）です。

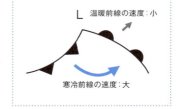

　この閉塞前線には、**温暖型閉塞前線**と**寒冷型閉塞前線**の2種類のタイプがあります。いまからこの2つの閉塞前線の違いをお話ししていきます。

　まず、右の図のように、温暖前線と寒冷前線を伴った温帯低気圧があり、寒冷前線の西側の寒気を寒気①とし、温暖前線の東側の寒気を寒気②とします。

　この図は上からみた図、つまり地上天気図をみるようなイメージですが、図の中のA点からB点

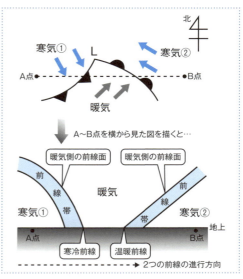

第7章 ● 大規模な大気の運動　305

(破線の部分)を横からみた図を描きます。

　まず、寒気①と暖気の間に寒冷前線に対応した前線帯(左側)が形成され、その同じ暖気と寒気②の間に温暖前線に対応した前線帯(右側)が形成されます。また、その2つの前線は、両方とも前線帯の暖気側の前線面と地上とが交わるところに引かれます。

　この2つの前線は、この図でいうと左側(西側)から右側(東側)の方向へ進むのですが、ポイントは寒冷前線のほうが進む速度が大きいことです。つまり、時間が経つと寒冷前線が前を進む温暖前線に追いつくのですが、このとき寒冷前線の進行方向後面にある寒気①と、温暖前線の進行方向前面にある寒気②の温度の差によって2種類の閉塞前線ができます。

☁ 温暖型閉塞前線と寒冷型閉塞前線

　閉塞前線は、暖気と寒気によるものではなく、寒気と寒気を比べた前線です。つまり、同じ寒気でもそこに温度差があれば前線は形成されるのです。

　では、寒冷前線の進行方向後面にある寒気①のほうが、温暖前線の前面にある寒気②よりも温度が高いものとします。すると、寒気②(気温:低)の上を寒気①(気温:高)がはいあがるように押し進めていく前線ができます。温暖前線の形に似ていることから、これを**温暖型閉塞前線**といいます。

　では、次に寒冷前線の進行方向後面にある寒気①のほうが、温暖前線の進行方向前面にある寒気②よりも温度が低いものとします。すると、寒気②(気温:高)の下を寒気①(気温:低)が潜り込むよう

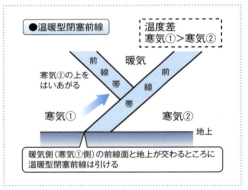

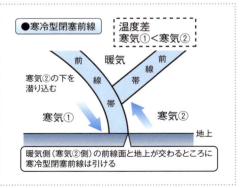

に押し進めていく前線ができます。寒冷前線の形に似ていることから、これを**寒冷型閉塞前線**といいます。

　どちらの閉塞前線にしても、寒冷前線と温暖前線の間にあった暖気は**閉塞**といって上層に持ち上げられ、下層は寒気だけに覆われた状態となります。また、温暖型閉塞前線も寒冷型閉塞前線も、暖気側の前線面（温暖型は寒気①側、寒冷型は寒気②側）と地上が交わるところに前線は引かれます。

　では、この2種類の閉塞前線を天気図上で見分ける方法をお教えします。温暖前線の延長上に閉塞前線が引かれている場合が温暖型閉塞前線であり、寒冷前線の延長上に閉塞前線が引かれている場合が寒冷型閉塞前線です。

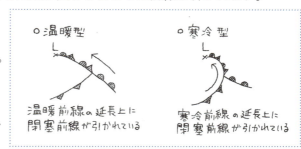

ほとんど動かない停滞前線

　停滞前線は、暖かい空気と冷たい空気の勢力がほぼ同じ状態のときにできる前線のことをいいます。

　右の図のように、暖気と寒気がぶつかると、間に前線帯ができ、その前線帯の暖気側の前線面と地上が交わるところにこの停滞前線は引かれます。このとき、暖気は上昇するように、逆に寒気は下降するようにぶつかるのですが、お互いの勢力がほとんど同じため、この前線はほとんど動かないのです。

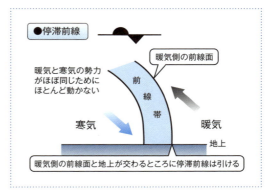

　この停滞前線は東西にのびることが多く、前線を挟んで高緯度からの寒気と低緯度からの暖気の勢力の差によっては南北に移動することがあります。

偏西風は3つの波でできている

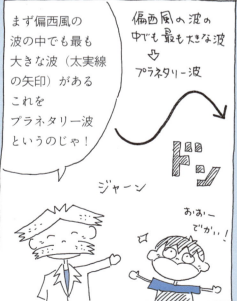

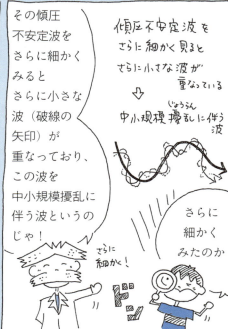

7-5 3つの偏西風の波

最も大きなプラネタリー波

プラネタリー波(別名:**超長波**)というのは、先ほどお話しした3つの偏西風の波の中で最も大きな波のことですが、ではこの波をどこで確認することができるのでしょうか。

下の2つの図は、1971年〜90年の期間である月だけを平均した300hPa(高度約9000m)の図です。①の図は1月だけを平均した北半球の図(図の中央が北極)、②の図に7月だけを平均した南半球の図(図の中央が南極)です。北半球と南半球と緯度的なものは違いますが、どちらの図も季節は冬季です。北半球と南半球とでは季節が逆になることに注意してください。

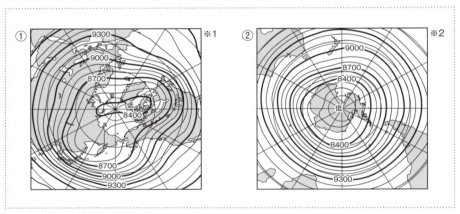

また、この2つの図の中の実線は等高度線を表しており、数字はその等高度線の値であり、100mごとにこの等高度線は引かれています。

このような高層天気図というのは、高度の高いところは気圧の高いところとして、高度の低いところは気圧の低いところとして見ることができますから、高度の差が気圧の差を表していると考えていいでしょう。

つまり、その高度の情報を表した「等高度線」というのは、「等圧線」と同じような感覚でみてもよいのです。

※1、2) 出典:日本気象学会編、気象科学事典、p.161、図(a)、図(b)、1998

上空で吹く風というのは等圧線（＝等高度線）に沿って細かくは北半球では低圧側を左手に、南半球では低圧側を右手にみて吹く性質がありますから、先ほどの①と②の図の中の等高度線の流れに沿って、ほぼ上空の風は吹いていると考えられます。

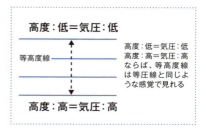

偏西風の波を平均する

　つまり、等高度線が南北に波を打っているようなところは、上空の風をすべて偏西風と仮定すると、その偏西風も等高度線と同じように南北に波を打っていると考えられるのです。この波がプラネタリー波とよばれる波です。

　ここでのポイントは、前のページの①と②の図は、どちらも平均された天気図ということです。つまり、プラネタリー波というのは偏西風の波を平均すればするだけより明確に現れる波なのです。

　平均すると小さな波や日々の変動の大きな波というのはすべて消えてしまうものであり、大きな波や日々の変動の少ない波がそこに残るものなのです（右図参照）。

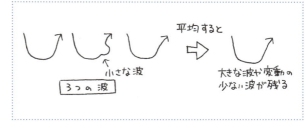

　つまり、偏西風の３つの波の中で中小規模擾乱（じょうらん）に伴う波や傾圧不安定波というのは日々の変動が大きく、またプラネタリー波に比べてスケールも小さいので、平均すると消えてしまい、よりスケールの大きく日々の変動の少ないプラネタリー波がそこに残るのです。ちなみにプラネタリー波は惑星規模に相当します。

　このプラネタリー波の波長（波の山から山または谷から谷の長さ）は10000km以上であり、２～３回ほど波を打ちながら地球を一周します。

　また、このプラネタリー波は停滞性の波であり、大規模山脈（アルプス・ヒマラヤ山脈など）や大陸と海洋の温度差などから発生します。前のページの②の南半球の図でほとんど等高度線が波を打っておらず、このプラネタリ

一波という波が確認できないのは、南半球には大規模山脈や大陸がほとんどないからです。大陸がほとんどなければ、海洋との温度差はつきにくくなります。このことからもプラネタリー波が、いかに大規模山脈や大陸と海洋の温度差などの影響を受けて発生するかということが確認できます。

中間にあたる傾圧不安定波

傾圧不安定波（別名：**長波**）というのは、3つある偏西風の中でもちょうど中間にあたる波なのですが、ではこの傾圧不安定波というのはどこで確認することができるのでしょうか。

右の図は、2006年の4月14日21時（日本時刻）発表の北半球の500hPa（高度約5500m）の高度と気温を表した天気図です。図の中央が北極であり、日本はその北極から見て左下にあります。また、図の中の実線が等高度線であり、60mごとに引かれています。ちなみに、破線が等温線であり、こちらは3℃ごとに引かれています。

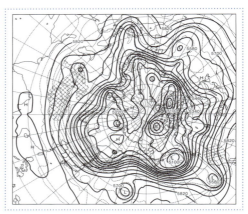

上空の風というのは等高度線に沿いながら吹いていますから、この天気図の等高度線の流れが風の流れのようなものを示していると考えていいでしょう。そのように考えると、この天気図の中で等高度線が南北に波を打っているところは風も波を打っていると考えられ、この風を偏西風と仮定すると、その偏西風の南北の波が傾圧不安定波なのです。

先ほどのプラネタリー波に比べると、この傾圧不安定波はその波を打っている回数が多く、少ないときは6回ほど、多いときには15回ぐらいと不規則に波を打ちながら地球を一周しています。また、この傾圧不安定波は1日に約1000kmほど東進するものであり、停滞性の波ではないことから、上の図のような1日を期間の対象とした天気図なら、その波を確認することはできますが、プラネタリー波のときのような平均された天気図ではこの傾圧不

※1）提供：気象庁

安定波は消えてしまいます。また、波長は3000〜5000km（総観規模）です。

では、先ほどのプラネタリー波の発生理由が大規模山脈や大陸と海洋との温度差で発生するものだったのに対して、この傾圧不安定波というのはどのようなときに発生するのでしょうか。結論をいうと、この傾圧不安定波というのは低緯度と高緯度の温度差が大きくなったときに発生します。つまり、低緯度と高緯度の温度差が大きくなると、この傾圧不安定波を南北に波を打たせることによって低緯度の暖かい空気を高緯度へ送り、逆に高緯度の冷たい空気を低緯度に送ることにより、低緯度と高緯度の温度差を小さくしているのです。これを熱輸送といいます。つまり、偏西風の中でもこの傾圧不安定波が、その日々の熱輸送に最も大きく関係しているのです。

では、その傾圧不安定波という波が発生する理由を、ここではもう少しくわしくお話ししていくことにします。

☁ 南北流型と東西流型

低緯度と高緯度の温度差がある限界を超えると、その状態に耐え切れずに傾圧不安定波が南北に波を打つようになります。このように、傾圧不安定波が南北に波を打つような形のことを南北流型といいます。この波が高緯度から低緯度に向かうときに高緯度の冷たい空気を低緯度に運び、逆に低緯度から高緯度に向かうときに低緯度の暖かい空気を高緯度に運ぶわけです。

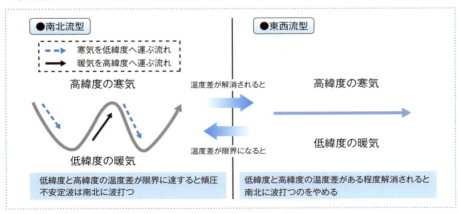

このように、傾圧不安定波が南北に波を打つことによって、低緯度と高緯度の温度差がある程度解消されるようになると、この傾圧不安定波は南北に

波を打たなくなり、どちらかといえば東西方向に流れるようになります。この形のことを**東西流型**といいます。そして、再び低緯度と高緯度の温度差が大きくなると傾圧不安定波を南北に波打たせて（南北流型）、温度差を小さくします。さらに、その温度差が小さくなると、また南北に波を打つのをやめる（東西流型）のです。

このように、傾圧不安定波が南北流型から東西流型に、または東西流型から南北流型と交互に変わることを**インデックス・サイクル**とよび、この周期は一般的に4～6週間といわれています。

また、南北流型がさらに発達して波が深まりを増すことにより、右の図のような流れとなります。これを**ブロッキング型**といいます。このとき、この南北の波の大きな流れから、別に切り離された反時計回りと時計回りの渦ができ、その場所に低気圧と高気圧が発生し

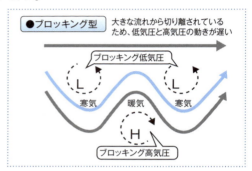

ます。この低気圧と高気圧は大きな流れから切り離されているため、その動きが遅く、**ブロッキング低気圧**と**ブロッキング高気圧**といわれています。また、その低気圧のところでは高緯度から運ばれてきた寒気がたまりやすく、逆に高気圧のところでは低緯度から運ばれてきた暖気がたまりやすくなっています。

最も小さな中小規模擾乱に伴う波動

中小規模擾乱に伴う波というのは、3つある偏西風の波の中でも最も小さな波のことです。この中小規模擾乱に伴う波だけは、その波が小さすぎて天気図には一般的に表現できません。また、この波の波長は100km単位であり、水平スケールでいうとメソスケ

ールにあたります。

水蒸気の南北輸送

　右の図は、年平均で見た降雨量と海面や地表面からの蒸発量と、その両者の差の緯度分布を表した図です。図の中のPと書かれた実線が降雨量を表しており、Eと書かれた破線が蒸発量を表しています。また、図の中のP－Eと書かれた実線が降雨量と蒸発量の差を表しています。

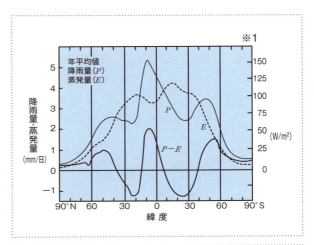

　この図をくわしくみていくと、緯度30°付近、つまり亜熱帯高圧帯付近では降雨量より海面や地表面からの蒸発量のほうが大きいことがわかります。蒸発というのは水が

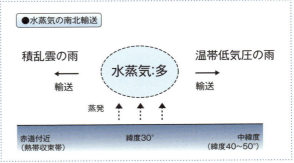

水蒸気に変化することを表していますから、海面や地表面からの蒸発量のほうが大きいということは、そのままにしておくとこの地域ではその大気中に水蒸気が余分に存在してしまうことになるのです。

　そのような理由から、緯度30°付近の余分な水蒸気というのは赤道付近、つまり熱帯収束帯に輸送されてここでは積乱雲の雨となり、また40～50°付近の中緯度にも輸送されて、ここでは温帯低気圧の雨となるのです。そのため、この２つの地域では蒸発量よりも降雨量のほうが大きくなります。

※1) 出典:C.W.Newton, ed., Meteorological Monographs, 13, No.35, American Meteorological Society,1972, p.236

大活躍の温帯低気圧

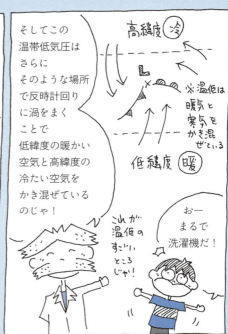

7-6 温帯低気圧

温帯低気圧のエネルギー源

　私たちも何か食べ物を食べて、それをからだの中で燃やしてエネルギーに変えることによっていろいろと運動ができるわけですが、この温帯低気圧にもそのような発達するためのエネルギー源となるものがあります。それをここではお話しします。

　この温帯低気圧というのはおもに中緯度で発生するわけですが、その中緯度というのはいわば低緯度の暖かい空気と高緯度の冷たい空気の境目にあたり、そのような場所でこの温帯低気圧というのは発生します。実は、この暖かい空気と冷たい空気の境目で発生するということがこの温帯低気圧のエネルギーを生む理由なのです。では、もう少し具体的にお話ししていきます。

暖かい空気と冷たい空気の境目

　下図①のように、間に壁(太実線)をつくった箱があり、その箱の中には冷たい空気と暖かい空気がそれぞれ壁を隔てて左側と右側に入っているとします。

　これを実際の大気でイメージするのであれば、高緯度側には冷たい空気が

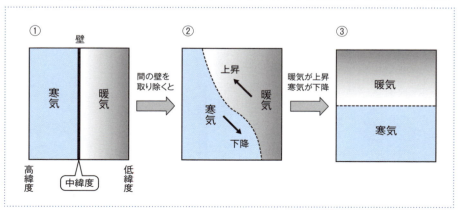

あり、低緯度側には暖かい空気があるとイメージすることができます。そのように考えると、暖かい空気と冷たい空気の境目（この図でいうと壁の部分）が中緯度ということになります。つまり、おもに中緯度で発生する温帯低気圧というのは、極端ではありますが、このような暖かい空気と冷たい空気の境目に発生するのです。

では、この箱の中の２つの空気を隔てている壁を取り除くと、前ページの図②のように、冷たい空気は重たいのでこの箱の下のほうへ流れていき、暖かい空気は軽いのでこの箱の上のほうへ流れていきます。

そして、最終的には前ページの図③のように２つの空気が混ざり合わない限りは冷たい空気は箱の下のほうにたまり、暖かい空気は上のほうにたまることになります。

物体は、高い位置にあるだけで位置エネルギーというエネルギーを蓄えているものであり、その物体のある位置が高ければ高いほど、またはその物体自身が重ければ重いほど、この位置エネルギーは大きくなる性質があります。そして、この関係は空気に対してもいえるのです。

前ページの図を再び確認すると、冷たい空気は、上から下に位置が低くなる方向に流れています。位置エネルギーというのは物体のある位置が高いほど大きいですから、その位置が低くなるということは位置エネルギーが減少しています。逆に暖かい空気は、下から上に位置が高くなる方向に流れていますので、位置エネルギーは増加しています。

位置エネルギーの増減

このように、位置エネルギーは冷たい空気が下降することにより減少し、暖かい空気が上昇することにより増加するのですが、暖かい空気よりも冷たい空気のほうが重たいので、その分だけ暖かい空気の位置エネルギーの増加する割合より、冷たい空気の位置エネルギーの減少する割合のほうが大きくなります。そして、その差が運動エネルギーに変換されるのです。その変換された運動エネルギーにより、この温帯低気圧は発達していきます。ちなみに、発達するというのは中心気圧を低下させている状態のことをいいます。よく天気予報で、「発達中の低気圧が近づいてきています」というセリフを聞

くと思いますが、それは中心気圧を低下させている状態の低気圧のことだと思っていただいても結構です。

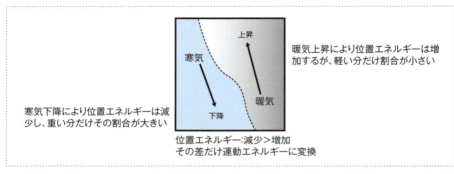

　実際の大気ではこのような例以外にも、空気が下降して位置エネルギーを減少させるような場所があれば、必ずその部分を補うようにどこかの空気が上昇して位置エネルギーを増加させるような場所もあるので、すべての位置エネルギーが運動エネルギーに変換されるわけではありません。

　今回の話のように、位置エネルギーの中でも運動エネルギーに変換された位置エネルギーのことを特に**有効位置エネルギー**といいます。

☁ 温帯低気圧のライフサイクル

　温帯低気圧は、①発生期、②発達期、③最盛期(閉塞期)、④衰弱期の４つの時期を経て、その一生を終えていくと一般的にはいわれています。これを**温帯低気圧のライフサイクル**といいます。では、このそれぞれの時期に見られる温帯低気圧の特徴をここではお話ししていきます。

①発生期

　ではこの温帯低気圧がどのように発生するのかというところからお話しします。

　暖気と寒気という、ほとんど同じ勢力の異なる空気の境目には、まず停滞前線が発生します。その停滞前線上で暖気や寒気のバランスがあるきっかけでくずれ、渦が生まれたところに温帯低気圧は発生します。

　そして、停滞前線はこの温帯低気圧の中心から東側で暖気の勢力が強い温暖前線、西側で寒気の勢力が強い寒冷前線へと変わります。この頃の温帯低

気圧が発生期にあたります。

②発達期

　温帯低気圧の東側では暖気が寒気の上を上昇、つまり温暖前線をつくりながら、また西側では寒気が暖気の下を潜り込み、つまり寒冷前線をつくりながら、温帯低気圧の渦が強化されていきます。なお、中心気圧はこの頃に最も低下する割合が大きく、低気圧は発達していきます。この頃の温帯低気圧が発達期にあたります。

　この発達期の温帯低気圧というのは、その構造上にも次に示した3つの大きな特徴があります。これを温帯低気圧の発達3条件といいます。この内容はすごく大事です。

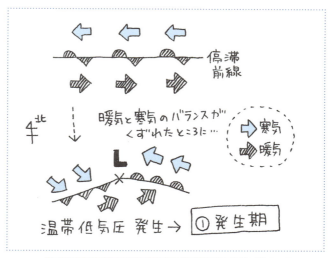

●温帯低気圧の発達3条件
①地上低気圧中心に対して上空の気圧の谷（トラフ）は西側に位置している
②地上低気圧の前面で上昇流域、後面で下降流域が対応している
③地上低気圧の前面で暖気移流域、後面で寒気移流域が対応している
（※前面や後面というのは温帯低気圧の進行方向に対しての意味で用いています）

温帯低気圧の発達３条件を満たすような模式図を、このページの下に示しておきます。

　ポイントは、このとき温帯低気圧の前面では暖気が上昇しており、後面では寒気が下降していることです。つまり、これをエネルギーの観点から考えると、前節でもお話ししましたが有効位置エネルギーが運動エネルギーに変換されている状態であり、その変換された運動エネルギーの分だけ、低気圧の渦が強化されたり、中心気圧が低下したりして、この温帯低気圧が発達するのです。

　また、地上の低気圧中心と上空の気圧の谷（トラフ）を結んだものを気圧の谷の軸というので、温帯低気圧の発達３条件の①を「地上の低気圧中心と上空の気圧の谷（トラフ）を結んだ気圧の谷の軸は上空にいくほど西に傾いている」というように言い換えても構いません。実際の気象予報士試験では、学科試験よりも実技試験において、実際に天気図上からこの発達期の温帯低気圧の構造の特徴をみせて答えさせていくことが多いようです。

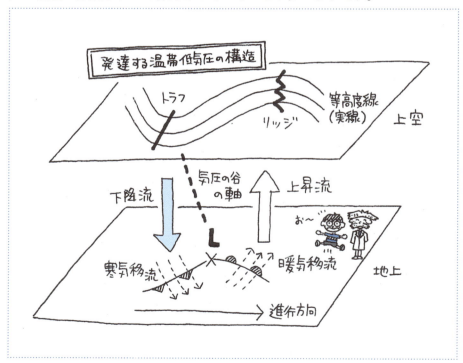

③最盛期(閉塞期)

寒冷前線は温暖前線よりも移動速度が大きいので、その寒冷前線が前方を進む温暖前線に追いついて閉塞前線が発生します。

この頃の温帯低気圧が**最盛期(閉塞期)**にあたり、一般的に温帯低気圧の一生の中で、中心気圧が最も低くなることが多いのです。

また、閉塞前線の先から温暖前線と寒冷前線に変わるところを**閉塞点**とよび、この閉塞点の上空をジェット気流が吹くことが多くなります。

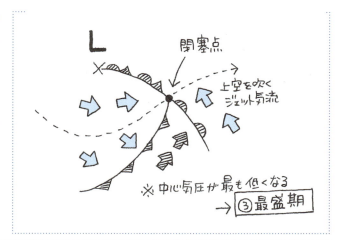

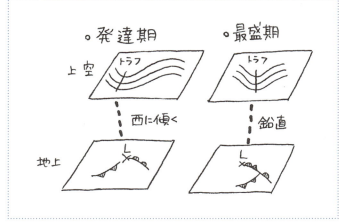

また、この最盛期の特徴には閉塞前線をともなうだけではなく、先ほどの発達期のときと同じように、その構造上にも特徴がみられます。

発達期の頃の温帯低気圧の構造は、地上低気圧中心に対して上空の気圧の谷(トラフ)が西側に位置していたのですが、それが最盛期の頃になると、地上低気圧中心のほぼ真上の上空に気圧の谷が位置するようになります。

④衰弱期

衰弱期の温帯低気圧というのは、その中心から前線がすべて離れて、中心

付近はその前線の北側にある寒気だけに覆われるようになります。つまり、発達期に見られた寒気下降や暖気上昇にともなうエネルギーの変換ができずに、衰弱して、やがて消滅していくのです。

傾圧不安定波と温帯低気圧は水蒸気がなくても発生する

　傾圧不安定波（長波）と温帯低気圧は水蒸気がなくても発生します。

　まず傾圧不安定波は低緯度と高緯度（南北）の温度差が大きくなったときに偏西風が南北に波打つことで発生し、低緯度と高緯度の温度差を小さくしています。

　また温帯低気圧も低緯度と高緯度の温度差が大きくなることで発生し低気圧性循環、細かくいうと、北半球では反時計回りの風を吹かせることで、低緯度と高緯度の温度差を小さくしています。つまりどちらも地球の熱輸送に関係し、南北の温度差をエネルギー源として発達することになり、水蒸気がなくても発生することがわかります。南北の温度差が大きいほど、より発達します。ちなみに水蒸気がないと発生したり発達したりしないのは、このあとの章（第8章）でお話しする台風、つまり熱帯低気圧の場合です。

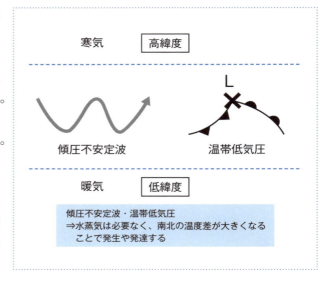

第 8 章
メソスケールの運動

規則正しい上下運動

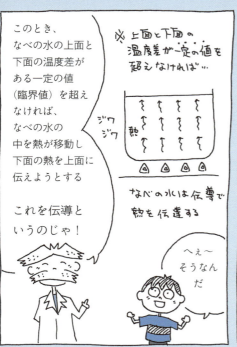

8-1 ベナール型対流

規則正しいベナール型対流

ベナール型対流とは、上昇流や下降流といった空気の上下運動、つまり対流が規則正しく並ぶことをいうのですが、その空気が上昇する部分で、もし飽和に達するまでその空気が冷やされると、そこで雲が発生します。

では、このベナール型対流により発生する雲にはどのようなものがあるのでしょうか。代表的なものでいうと**オープンセル型**と**クローズドセル型**の2つのタイプがあります。この2つの雲について今からお話ししていきますが、両方ともおもに冬季の海上で発生する雲なので、そのあたりのことをイメージしておきましょう。

☁ オープンセル型

まず、**オープンセル型**からお話ししていきます。このオープンセル型というのは、上空の寒気が強い場合に発生します。

冬の海上は比較的暖かく、そのような海上の上空に強い寒気が入ると大気が非常に不安定な状態となり、ベナール

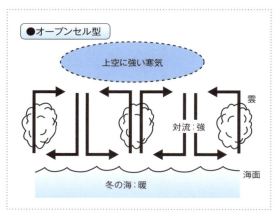

型対流が発生します。また、上空の寒気が強いので、海上との温度差が大きな状態であり、このようなときは空気の上下運動も強くなります。

例えば、沸かしたてのお風呂は、上にお湯がたまり下に水がたまっていますが、そのお湯と水の温度差が大きいと、より強くかき混ぜて温度を均等にします。そのようなイメージです。

これはベナール型対流の1つですから、空気の上下運動が規則正しく並ん

でいるものであり、その空気が上昇する部分で雲が発生します。この雲を上から見ると、右の図のように蜂の巣状に広がっており、その蜂の巣状の縁の部分に雲ができている（斜線で表されている部分）のです。このような雲をオープンセル型といいます。

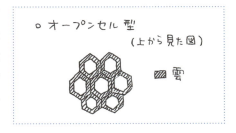

☁ クローズドセル型

次に、**クローズドセル型**についてお話ししていきます。クローズドセル型というのは、オープンセル型に比べると上空の寒気が弱いときに発生します。

冬の比較的暖かい海上の上空に今度は弱い寒気が入ってくると、ここでも大気が不安

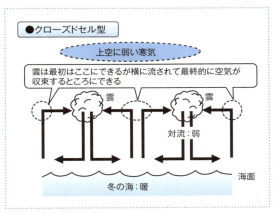

定な状態になり、ベナール型対流が発生します。ただし、今度は上空の寒気が弱いので、海上と上空の温度差はそれほど大きなものではなく、空気の上下運動もそれほど強くはありません。

また、これもベナール型対流ですから、空気の上下運動が規則正しく並んでおり、その空気が上昇する部分に雲はできます。空気の上下運動がそれほど強くないために、雲は比較的高い位置にできるのです。しかし、そのような高い位置に雲ができると、そこでは水平方向の流れもあるため雲は流され、その水平方向の流れが収束するような部分に最終的に雲ができます。雲が集まるといってもいいでしょう。

この雲を上から見ると（右図参照）、オープンセル型のときと同じように蜂の巣状に広がっていることはいるので

すが、今度は蜂の巣状の中心付近に雲ができる（斜線で表されている部分）のです。このような雲をクローズドセル型といいます。

また、このオープンセル型とクローズドセル型の雲を見れば、上空の寒気の強さが推測できます。つまり、オープンセル型というのは上空の寒気が強いときに発生し、逆にクローズドセル型というのは上空の寒気が弱いときに発生するものなので、もしクローズドセル型からオープンセル型に雲が変化すれば、それは雲だけではなく上空の寒気が強く変化したことも表しているのです。

冬季の日本海に発生するロール状対流雲

ロール状対流雲（じょうたいりゅううん）という雲をもっと簡単にいうと、冬季の日本海に発生する筋状雲のことです。

この雲もベナール型対流により発生したものです。では、このロール状対流雲がどのように発生するのかというのをお話ししていきます。

冬季の日本海上には、シベリアから北よりの風とともに冷たく乾燥した空気が流れてきます。乾燥している空気、つまり水蒸気をまだたくさん含むことができる空気が日本海に流れてくると、その海面から蒸発が

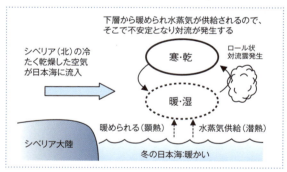

活発に起こります。つまり、海面からの蒸発によりこのシベリアの空気は水蒸気を供給され、下層から湿り気を帯びてきます。ちなみに水蒸気のことを潜熱と表現することもあります。また、シベリアの空気に対して冬の日本海というのは暖かいものであり、シベリアの空気はそのような日本海を流れているうちに下層から暖められて不安定な状態となり、そこで対流が発生して雲ができます。これを顕熱、あるいは単に熱と表現することもあります。この雲がロール状対流雲です。

この雲の発生場所を上からみると、雲ができている部分とできていない部

分があります。雲のできている部分には上昇流があり、できていない部分には下降流があります。つまり、これは空気の上下運動が規則正しく並ぶベナール型対流です。

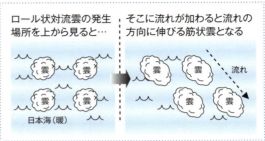

また、この雲にシベリアから流れてくる北から南への空気の流れが加わることにより、流れの方向に沿って伸びた筋状の雲が発生するのです。そして、日本の中軸となる脊梁山脈にこの雲があたると、風上側となる日本海側ではさらに雲が発達して雪を降らせ、風下側となる太平洋側では晴れることが多いのです。

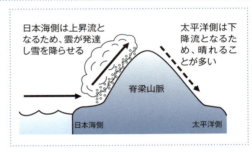

🌥 風ベクトルとシアベクトル

このロール状対流雲の走向は、雲底と雲頂付近で吹く風ベクトルのシアベクトルの向きと、多くはほぼ平行であります。ちなみに風ベクトルとは風を矢印で表したものであるのに対し、**シアベクトル**とはふたつの風の「違い」を矢印で表したものです。

このロール状対流雲は雲底よりも雲頂付近のほうが風速が大きく、また、雲底と雲頂付近の風向が、だいたい北から南の流れでほぼ一定であることから、流れの方向に沿った筋状の雲が発生します。

つまり、雲頂付近のほうが風速が大きく、雲底から雲頂付近まで風向が北から南の流れでほぼ一定であるため、風ベクトルのシアベクトルの向きとロール状対流雲の走向が、ほぼ平行であることがわかります。

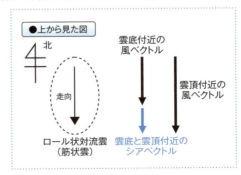

積乱雲の命は短い

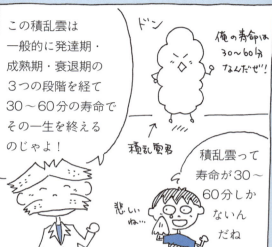

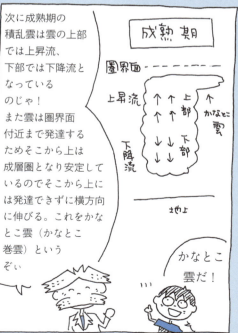

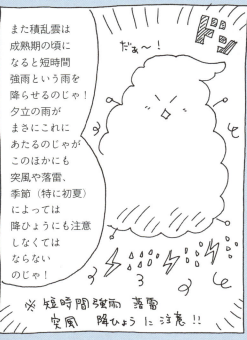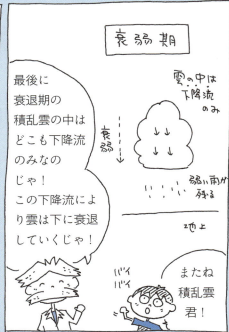

8-2 積乱雲（対流雲）の一生

下降流の発生する理由

　積乱雲（対流雲）というのは、成熟期になると雲の下部に下降流を伴うようになります。では、なぜこの時期になるとこの積乱雲は下降流を伴うようになるのでしょうか。その理由を今からお話ししていきます。

　成熟期になると雲の中で降水を形成する個々の粒、あられやひょうなども含む降水粒子が成長し、またその数も多くなると、雲の内部で発生していた上昇流では支えきれずに落下してくるようになります。発達期の頃にも降水粒子は生成されるのですが、成熟期の頃に比べて大きさも小さく、またその数も少ないために発達期の頃の降水粒子は上昇流に支えられて落下することができないのです。

　その降水粒子が落下をし始めると、摩擦により周囲の空気も同じように引きずり降ろすようになるので、雲の下部に下降流が発生するのです。例えば、自分の横を車が通り過ぎると風が吹くようなイメージです。

　また、氷粒が落下してくる際に気温が高くなると、氷粒が融解したり、その溶けた雨粒が落下する際に蒸発したりすると、どちらにしてもそのときに潜熱を吸収するので、空気が冷やされて重くなり、下降流はますます強化されるのです。

　このようにして、成熟期の積乱雲では、その雲の下

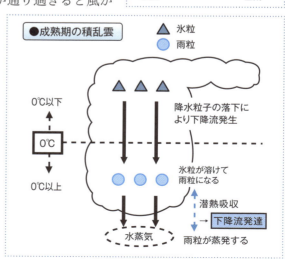

部のほうに下降流が発生するのですが、この下降流が地表面まで到達すると、その地表面で放射状(四方八方に吹き出すこと)に広がり、地表面付近で被害をもたらすことがあります。これを**ダウンバースト**といいます。このダウンバーストの規模はさまざまですが、地表面で吹き出す強い風の吹き出しが4km以下なら**マイクロバースト**、それよりも大きければ**マクロバースト**と、このダウンバーストを区別してよぶこともあります。いずれにしても、このダウンバーストが原因で航空機事故につながるようなこともあるのです。

☁ スコールライン

スコールライン[※1]とは、対流活動が活発な対流雲の並んだ、線状のメソ対流系[※2]の一種です。下図は、このスコールラインの内部構造を簡単に要約したもので、横からの断面図になります。

まずこのスコールラインは全体的に図の左から右に進んでおり、先端部には強い対流性の降雨があります。この部分構造は次節でお話する団塊状のメソ対流系の一部で組織化された大きな積乱雲の

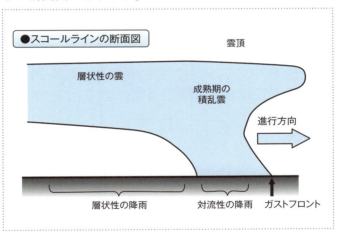

●スコールラインの断面図

塊、つまりマルチセル型に似ています。こちらも次節でお話しますが、小型の寒冷前線のようなものであるガストフロントのところで新しく対流雲が発生し、それがガストフロントに対して相対的に後方に動くあいだに成長し、成熟期の積乱雲にまで達します。そして、成熟期の積乱雲に達したあとはやがて、衰えていきます。この成熟期の積乱雲の後方には層状性の雲が長く広がって、地雨(しとしと雨)が降っており、その長さは数10kmから100kmにも及ぶことがあります。

※1) ※2) …くわしくは第8章第3節「メソ対流系」をご参照ください

対流雲は同時に存在する？

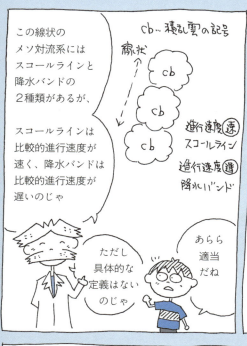

8-3 メソ対流系

発達段階の違うさまざまな積乱雲

　気団性雷雨というのは、雷雨、つまり雷鳴や雷光を伴いながら強い雨を降らせるような1つの積乱雲の中に、発達段階の違ういくつかの積乱雲が雑然と集まってできたものをいいます。

　例えば、右の図のように外見は1つの大きな積乱雲ですが、この雲の内部をくわしくみると、上昇流のみをともなう発達期の積乱雲や上昇流と下降流を伴う成熟期の積乱雲、または衰退期の下降流のみをともなう積

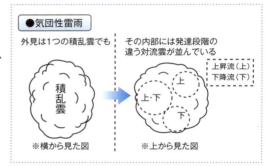

乱雲と、発達段階の違うさまざまな積乱雲が集まっています。このように、外見は1つの大きな積乱雲でも、その内部は発達段階の違う積乱雲が雑然と集まっているものであり、これを気団性雷雨といいます。

　気団性雷雨は、単一の気団に覆われて、一般風の鉛直シアが小さいときに発生します。例えば、夏季に日本が高温・多湿な太平洋高気圧（小笠原気団ともいう）に覆われた晴天の日に発生する積乱雲の多くは、この気団性雷雨の構造をもっています。ちなみに気団とは、気温や湿度がほぼ一様な水平方向に数百km～数千km広がる大気のこと。一般風とは積乱雲に伴う風よりも広い範囲で吹く風を指し、鉛直シアは高さの違う風の風速や風向の差のことをいいます。

　ここで鉛直シアについて補足しておきます。鉛直シアとは高さの違う風の風向や風速の差のことをいいます。また、その鉛直シアの中でも風速の差だけを問題にしている場合は風速シアといい、風向の差だけを問題にしている場合は風向シアといいます。また、鉛直シアに対して水平シアという言葉がありますが、これは水平方向にみたときの、場所の違う風の風速や風向の差

を表した言葉です。

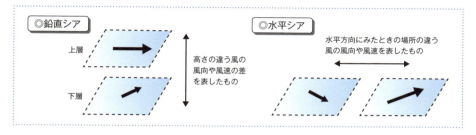

巨大雷雨の種類

　この巨大雷雨には、1つ1つの積乱雲が組織化されて大きな積乱雲の塊をつくる**マルチセル型**と、1つの巨大な積乱雲からなる**スーパーセル型**があります。では、この2つの巨大雷雨についてお話ししていきます。

🌥 マルチセル型

　マルチセル型とは、1つ1つの積乱雲が組織化されて大きな積乱雲の塊をつくることをいうのですが、ではこのマルチセル型というのはどのようにして発生するのかというのを今からお話ししていくことにします。

　右の図のように、成熟期の積乱雲があったとします。この頃の積乱雲というのは雲の上部に上昇流を伴っており、雲の下部には下降流を伴っています。そして、この下降流が地表面にあたり周囲に向けて発散するとします。

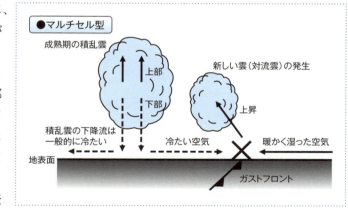

　この積乱雲から発生した下降流というのは、氷粒が落下する際に融解し、その溶けた雨粒が蒸発したりすることによって、潜熱を吸収して冷やされて

発生するので、一般的に冷たいのです。例えば、ものすごく暑い真夏でも夕立ちの雨が降るときに冷たい風を感じるのはこのためです。

　これはあくまで余談ですが、「雷が鳴ればおへそを隠しなさい」とよくいわれるのは、この積乱雲は雷を伴うことも多く、雷のほかにこのような冷たい風も吹くので、お腹を冷やさないように、という教えです。

　そのようなことから、この下降流が地表面で発散した空気というのは**冷気外出流**、つまり一般的に冷たいので、下層に流れてきた暖かく湿った空気と、前ページの図のように衝突（×印の部分）すると、そこで暖かく湿った空気が上に持ち上げられて、ここで小型の前線（寒冷前線）のようなものができるのです。これを**ガストフロント**（**陣風前線**、**突風前線**）といいます。

☁ 親雲と子雲

　そして、その持ち上げられた暖かい空気は湿っていると仮定していましたから、空気の上昇に伴う断熱冷却により冷やされ、新たな雲である対流雲が発生します。このときにもともとあった成熟期の積乱雲を**親雲**とよび、ガストフロントのところで新しく発生する雲を、この親雲の下降流がもとになって発生したので、**子雲**とよびます。

　しばらくすると、もともとあった親雲は衰退期を迎えてやがて消滅することになり、新しく発生した子雲が親雲（成熟期）まで成長し下降流を伴うと、その下降流が地表面で発散して、再び下層の暖かく湿った空気と衝突します。

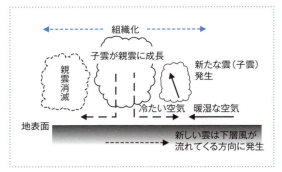

そして、再びそこで新しい子雲が発生するのです。新しい雲というのは下層風が吹いてくる方向に発生していくのです。

　このように、親雲がもとになり、子雲、つまり新たな雲を発生させることを「組織化した」といいます。一つひとつの雲はただの積乱雲なのですが、それが親雲と子雲の関係のような発生や消滅を繰り返していくことによって雲域全体を組織化していくのです。これを**マルチセル型**といいます。

また、このマルチセル型でポイントとなるのが、雲域全体がどのように移動するかです。では、それについてお話ししていきます。

　右の図(上からみた図)のように親雲があり、その下にこの親雲がもとになり発生した子雲があります。図の上の方角を北とすると、中層の風が西から東の方向に吹いており、下層の暖湿な風が南から北の方向に吹いているものとします。このように、マルチセル型というのは一般風の鉛直シアが大きい場合、ここでは中層の風と下層の風の差が大きい場合に発生するのですが、一般的に積乱雲というのは、大気中層の風の影響を受けて、その中層の風と同じ方向に流されていきます。つまり、親雲にしても子雲にしても、中層の風と同じ西から東の方向に流されていくのです。

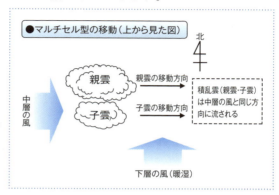

マルチセル型の移動のしかた

　では、その中層の風に流されているうちに親雲は消滅してしまい、子雲は流されているうちに親雲(成熟期)と呼ばれるようになるぐらいまでに成長したとします。このとき、この子雲が成長した親雲から新しく子雲が発生するとしたら、この親雲に対してどこの場所に発生するのでしょうか。それは、下層の暖湿な空気が吹いてくる方向に発生します。つまり、この親雲の南側に新しく子雲は発生することになるのです。

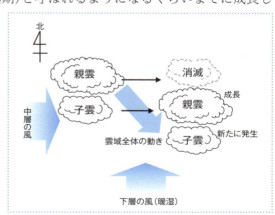

このように、親雲や子雲といった積乱雲は、中層の風に流されて実際は西から東の方向に流されているのですが、流されているうちに親雲が消滅したりまた新しい子雲が発生したりすることによって、この場合の雲域全体は南東の方向に進んでいるようにみえます。

　マルチセル型の雲域全体がどのように移動するのかを考えるときには、必ず積乱雲を移動させる中層の風や新しく発生する雲の場所にある下層の風の向きをしっかりと確認してから考えなければいけないのです。

☁ スーパーセル型

　スーパーセル型とは、1つの巨大な積乱雲の塊のことをいいます。このスーパーセル型の大きさ（水平方向）は、10kmから大きなもので40kmぐらいにまで発達することがあります。

　右の図は、そのスーパーセル型を横から見た図です。図の中の**ヴォルト**と書かれた部分で雲が凹んでいるように描写したのは、雲の中から発生する冷たい下降流と下層の暖湿気流が衝突して発生した上昇流がきわめて強いために、雲粒から降水粒子に育つ前に上層まで運ばれてしまうからです。ストローでコップに入った水の水面に向かって「ふっ」と息を吹くと、水面が凹むようなイメージです。

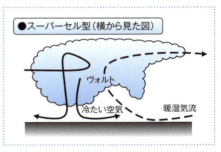

　このスーパーセル型を上からみると右の図のような形をしています。図の中の**フックエコー**と書かれたところで、しばしば**竜巻**（トルネード）が発生することが多いようです。

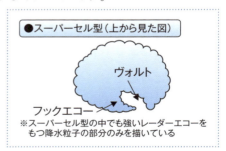

　また、その次のページの図はこのスーパーセル型を立体的に描いたものです。この図の右端にあるVL（下層風）、VM（中層風）、VU（上層風）の矢印がそれぞれの高さの風の情報を表していて、矢印の向きが風の向き、矢印の長さが風速を表しています。つまり、それぞれの風がまったく違う状況でこの

スーパーセル型を発生させていることがわかります。このようにスーパーセル型は、一般風の鉛直シアが非常に大きい状態で発生するのです。

また、スーパーセル型の最大の特徴は、この雲全体が回転していることです。スーパーセル型のスケールはそれほど大きなものでなく、コリオリ力の影響をほとんど受けないので、時計回りにも反時計回りにも回転し

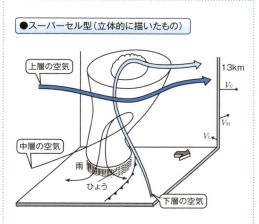

ますが、ほとんどのスーパーセル型は反時計回りに回転しています。

雷の発生

雷というのは発達した積乱雲の中で発生するのですが、その積乱雲の発生する上昇流の原因によって、熱雷・界雷・渦雷とよんで区別されています。**熱雷**(ねつらい)は地面が熱せられて上昇気流が発生し、さらに積乱雲が発生したときに伴う雷のことです。**界雷**(かいらい)は前線雷ともよばれ、前線(おもに寒冷前線)の上昇流による積乱雲が発生したときに伴う雷のことです。**渦雷**(うずらい)は低気圧や台風の中心付近の上昇流による積乱雲が発生したときに伴う雷のことです。また、太平洋側でのおもな雷の発生は夏季ですが、日本海側(特に北陸地方)のおもな雷の発生は冬季です。

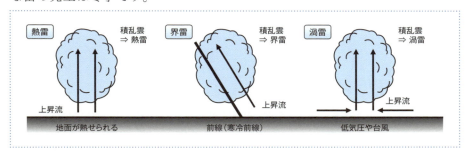

局地風にもいろいろな種類がある

では次に局地風についてお話ししていくよ

局地風ってどんな風？

局地風とは水平スケールが100kmくらい（メソスケール）の風系のことをいうのじゃ

局地風
水平スケールが100kmくらいの風系のこと

じゃあ気象学的にそれほど大きくはないよね

ちなみにこの局地風の吹く範囲よりもずっと広い範囲で吹く風を一般場の風（一般風）というのじゃ！

一般風君
うわ～
↑局地風君
ズシッ

ようするに大きな風のことだよね

でっかい！

そしてこの局地風には2種類あって

①熱的原因で吹く風と
②力学的原因で吹く風じゃよ

局地風の吹く原因
① 熱的原因
② 力学的原因

バン

お～なんじゃこりゃ！

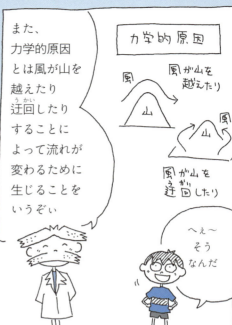

8-4 局地風

日中と夜間で風向きが逆になる風

　海陸風というのは、海岸に接する地域で日中と夜間に風向が逆になる風のことです。では、なぜそのように日中と夜間で風向が逆になるのでしょうか。それは陸と海の性質の違い、くわしくいうと暖まり方の違いによって発生するものです。もう何度もお話ししていることなのですが、陸というのは暖まりやすく冷えやすい性質があり、逆に海というのは暖まりにくく冷えにくいという性質があります。この陸と海の性質の違いこそが、この海陸風という局地風を発生させる原因なのです。では、今からこの海陸風についてくわしくお話ししていきます。

☁ 海陸風

　日中は太陽の光によって陸と海の両方が暖められますが、陸のほうが暖まりやすいので、海に比べて陸のほうが暖かくなります。暖かい空気というのは軽いですから、陸で暖められた空気は熱気球のように上昇していきます。そして、その上昇した部分の空気を補うように海から風が吹いてきます。この風のことを**海風**といいます。

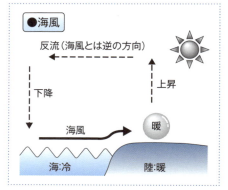

　対して海上では、海から陸に向けて風が吹くことになるので、その部分の空気を補うように下降流が発生し、上空ではその下降した部分の空気を補うように陸から海、つまり海風とは逆の方向に向かう風が吹きます。
　次に夜間は太陽が沈むので、陸と海の両方から熱が放出されて冷えますが、陸のほうが冷えやすいので海に比べて陸のほうが冷たくなります。つまり、今度は海のほうが相対的に暖かくなり、その海の上の空気が上昇するためそ

の部分の空気を補うように陸から風が吹きます。この風のことを陸風といいます。

対して陸上では、陸から海に向けて風が吹くことになるので、その部分の空気を補うように下降流が発生し、その上空ではその下降した部分の空気を補うように海から陸、つまり陸風とは逆の方向に向かう風が吹きます。

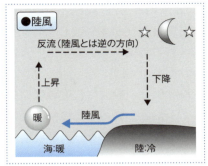

一般的に日中と夜間の、陸と海の温度差を比べると、日中のほうがはるかに大きくなります。そのような理由から、日中に吹く海風のほうが反流となる高さなどの規模が大きく、また強い風となります。

海陸風の発生しやすい状況

また、この海風や陸風といった海陸風はいつでも発生するわけではなく、発生しやすい状況が2つあります。まず1つ目は、日中にしても夜間にしてもよく晴れているということです。晴れていないと陸と海の温度差がつかないため、海陸風は発生しません。2つ目は、一般場の風が弱いということです。一般場の風というのは局地風、この場合、海陸風のことですが、それよりも広い範囲で吹く風のことを指します。しかしその風が強いと、海陸風はずっと小さいので、一般場の風に吸収されてしまいます。

例えば右の図のように、日中に海風が吹いていたとしても、そこにより広い範囲で吹く風が流れてくると、海風は吸収されてより広い範囲で

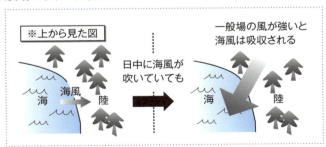

吹く風と同じ方向に吹くようになります。

このようにすべての条件が整うと、日中は海から陸に向かう海風が吹き、逆に夜間は陸から海に向かう陸風が吹くのですが、日中と夜間が入れかわる

(つまり朝と夕方)時期というのは、海風と陸風が入れ替わる時期でもあり、陸と海の温度が入れ替わる時期でもあります。つまり、そのような要素が入れかわる時期、つまり朝と夕方には、風がいったんやむのです。これを凪といいます。くわしくいうと、朝の凪を朝凪といい、夕方の凪を夕凪といいます。

　海陸風は一般的に日射の強い低緯度地方で発達しやすく、私たちの暮らす日本が位置しているこの中緯度地方では、日射のより強くなる夏季に目立って発達します。また、高緯度地方では日射が弱いため、この海陸風は目立たなくなります。

☁ 山谷風

　山谷風というのは、山間部で、日中と夜間で風向が逆になる風のことです。では、その山谷風についてここではお話ししていきます。

　まず日中は、太陽の光により山の斜面がより暖められるため、その山の斜面に接した空気も暖められ周囲の空気よりも密度が小さくなり、軽くなります。そして、その軽くなった空気は山の斜面に沿うように谷(山のふもと)の方向から山頂に向けて上昇していきます。この風のことを谷の方向から風が吹いてくるので谷風といいます。

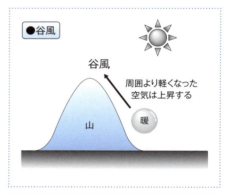

　このように山の斜面などに沿って上昇する風のことをアナバティック風(斜面上昇流)ともいい、この谷風はアナバティック風の一種です。

　次に夜間には、山の斜面から熱がよく放出されて冷やされるため、その山の斜面に接した空気も冷やされ、周囲の空気よりも密度が大きくなり、重くなります。そして、その重くなった空気は、日中のときとは逆に山の斜面に沿うように山頂の方向から谷、つまり

山のふもとに向けて下降していきます。この風を**山風**(山頂の方向から風が吹いてくるので山風)といいます。

このように山の斜面などに沿って下降する風のことを**カタバティック風**(**斜面下降流**)といい、この山風はカタバティック風の一種です。

また、周囲の空気より密度が大きく重くなり、下の方向に流れることを**重力流**というので、この山風やカタバティック風というのは重力流の一種でもあります。

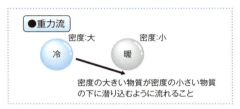

☁ ボラ

フェーンというのは、風が山を越えて吹き降りるときに、その風下側となる地域で、高温で乾燥した風が吹く現象のことをいいました。対して**ボラ**とは、同じように風が山を越えて吹き降りるときに、その風下側の地域で、低温で乾燥した風が吹く現象のことをいいます。では、このボラがどのようにして発生するのかというのを、今からお話ししていきます。

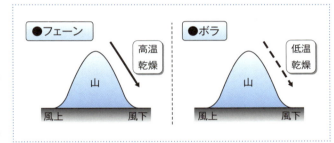

例えば、右下の図のような地形の場所があり、図の左側の比較的高い場所にある凹んだ台地に何らかの理由で寒気がたまるものとします。そして、その寒気が凹んだ台地からあふれると、あふれた寒気は重いため、山の斜面に沿って下降していきます。つまり、空気が下降するので、ここで断熱昇温が起こります。

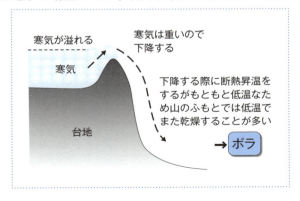

このように空気が下降する際には必ず断熱昇温をするのですが、寒気がもともと非常に低温であったとすれば、下降する際にいくら断熱昇温をしたとしても、山のふもとに吹きつけるときにはまだ周囲の空気に比べて低温であることがあります。また、その空気は乾燥していることが多く、このような風をボラといいます。

　ボラは、もともと旧ユーゴスラビアのアドリア海沿岸地方で吹く寒冷な局地風の呼び名でした。現在では各地で吹く同じような風のことをボラとよぶようになっています。

　また、日本ではこのボラのことを「おろし」といい、地方によって特有な名前がつけられてもいます。

☁ 山岳波

　山を越える気流が、山の風下側、または山頂付近で上下方向に振動するように流れることを**山岳波**、または**風下波**といいます。この山岳波の発生のしかたは、山にあたる気流の鉛直方向の速度分布や大気の安定性により異なるのですが、どのようにしてこの山岳波が発生するのかという一例を今からお話しします。

　右下の図のように風が山にあたると、その風が山を越えるときに断熱冷却しながら上昇していくのですが、ある程度上昇すると周囲の空気よりも気温が低くなります。気温が低くなると重くなるので、この空気は下降をします。そしてある程度下降すると、今度は断熱昇温のために周囲の空気よりも気温が高くなり、軽くなるので再び上昇をします。これを何度も繰り返していくと、山の風下側で上下方向に振動する流れができます。これを山岳波といいます。また、その山岳波の波が上昇する部分で、もし飽和に達す

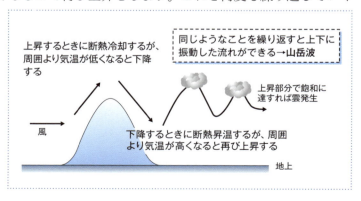

るまで空気が冷やされると、そこで雲が生じます。

🌥 海風前線

海風とは日中に海から陸に向かって吹く風のことをいいますが、海岸から数十kmぐらい離れた陸地にまで入り込むこともあります。海から陸に流れてきた海風と、もともとその場所にある空気の性質が違えば（海からの空気のほうが冷たいことが多い）、そこで小さいながらも前線が発生します。これを海風前線といいます。この海風前線により対流雲が発生することもあります。

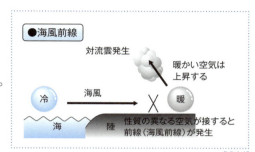

ここで前線面を滑昇する上昇流を求める式についてお話しします。上昇流は風速×傾き（勾配ともいう）で求めることができます。記号では $W = V \times \dfrac{\varDelta h}{\varDelta X}$（W：上昇流 V：風速 $\dfrac{\varDelta h}{\varDelta X}$：傾きを意味し$\varDelta$h：高さ、$\varDelta$X：水平距離）と書くことができます。

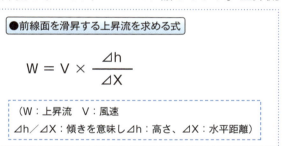

例えば右図のように風速10m/sの暖気が図の左から吹いており、前線面、つまり暖気と寒気の境目を滑昇することにします。この前線面の高さが1kmで水平距離が200kmである場合、ここで前線面を滑昇するこの暖気の上昇流(W)は10m/s（風速：V）×1km（高さ：$\varDelta$h）/200km（水平距離：$\varDelta$X）となり、10×0.005＝0.05m/sとなります。

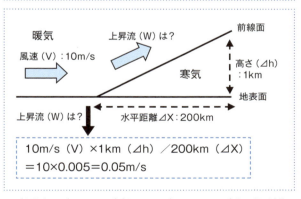

台風ってどんな低気圧？

では次に台風についてお話ししていくよ

おっ台風だね

じゃあ学君、台風っていうのは低気圧の1種なのじゃがどのような低気圧のことを台風と呼ぶかわかるかな？

ううんわからないや

○台風とは
赤道より北の東経100°〜180°の間の北西太平洋域で発生する熱帯低気圧のうち最大風速が17.2m/s (34kt) 以上に達したもの

台風とは上記のような低気圧のことをいうのじゃ

ドン

熱帯で発生する低気圧を熱帯低気圧というぞ

ズーン うわっ長い

また地域によって台風の呼び名は変わり南太平洋・東経180°以東の北太平洋・北大西洋で最大風速が33m/s (64kt) 以上の熱帯低気圧をハリケーンと呼び、北インド洋では17m/s (34kt) 以上のものをサイクロンとよんだりするぞぃ

台風に相当する熱帯低気圧は地域によりハリケーンサイクロンなどと呼ばれる

ハリケーンはよく聞くね

8-5 台風

熱帯低気圧の国際的分類

　日本では北西太平洋域（くわしくは赤道より北で東経100〜180度の範囲と条件がつく）で発生した熱帯低気圧のうち、最大風速が17.2m/s以上になったものを**台風**とよび、その強さまで達しない、つまり最大風速17.2m/s未満のものを**熱帯低気圧**とよんでいます。

　しかし、これはあくまで日本での分類であり、国際的分類ではこの熱帯低気圧を発達の段階に応じて次の表のように4つの段階で分類しています。

国際的分類	日本の分類	対応する風速
Tropical Depression（TD）	熱帯低気圧	17.2m/s（34kt）未満
Tropical Storm（TS）	台風	17.2m/s（34kt）以上24.6m/s（48kt）未満
Severe Tropical Storm（STS）		24.6m/s（48kt）以上32.7m/s（64kt）未満
Typhoon（T）		32.7m/s（64kt）以上

　ここで最大風速と最大瞬間風速についてお話ししておきます。一般的に風速というのは、風を10分間観測して、それを平均した値のことをいうのですが、その最大値のことを**最大風速**といいます。また、平均された風速ではなく、その瞬間、細かくいえば3秒間平均の風速のことを瞬間風速というのですが、その最大値のことを**最大瞬間風速**といいます。このように、最大風速と最大瞬間風速というのは似たような言葉なのですが意味は違います。

台風の強さと大きさ

　天気予報などを聞いていると、「大型で強い台風」とか「超大型で猛烈な台風」というように、台風にその台風自身の大きさと強さを表すような言葉を付加して表現されているのを聞くことがあると思います。では、この台風の

大きさと強さは、どのようにして分類されているのでしょうか。実は台風の大きさは**強風域**（平均風速が15m/s以上の強風が吹いている領域）の半径の大きさで分類されており、台風の強さは中心付近の最大風速で分類されています（くわしい分類は下の表を参照）。また、暴風域は平均風速が25m/s以上の暴風が吹いている領域のことです。

台風の大きさ

階級	強風域の半径
台風	500km未満
大型の台風	500km以上800km未満
超大型の台風	800km以上

台風の強さ

階級	中心付近の最大風速
台風	17m/s以上33m/s未満
強い台風	33m/s以上44m/s未満
非常に強い台風	44m/s以上54m/s未満
猛烈な台風	54m/s以上

台風の発生場所

台風（熱帯低気圧）とは、北半球でも南半球でも、緯度がおよそ5度〜20度の熱帯収束帯（ITCZ）とよばれる地域の、中でも海面水温が比較的高い26〜27℃以上の海上で一般的に発生するといわれています。

◎台風の発生場所

熱帯収束帯（緯度5〜20°の範囲）の中の海面水温が26〜27℃以上の海上で発生（※赤道付近で発生しないのは、コリオリ力がはたらかないため）

まず、海面水温が比較的高い場所というのは、海面水温の低い場所に比べてその海面からの蒸発が非常に盛んであり、その海上の空気というのはよく湿っている、つまり空気中に含まれている水蒸気の量が多いのが普通です。

また、あとでくわしくお話ししますが、台風のエネルギー源というのは水蒸気、細かくいうと水蒸気の潜熱であり、その台風のエネルギー源となる水蒸気が豊富である海面水温の高い海上で発生します。

しかし、海面水温がいくら高くても赤道付近(北緯5度〜南緯5度付近)の海上ではこの台風は発生しません。それは、台風が発生するためにはコリオリ力による風が渦を巻くことのできる力が必要なのです。高気圧や低気圧の風が渦をまくのは、コリオリ力がはたらくからなのですが、コリオリ力のほとんどはたらかない赤道付近では、風が渦をまくことができないので、発生しないのです。

　また熱帯収束帯は、北東貿易風と南東貿易風がよく衝突する場所でもあり、台風の発生のきっかけとなる上昇流が発生しやすい場所となっています。

　このような理由から、台風は緯度がおよそ5度〜20度の熱帯収束帯の中の、海面水温の比較的高い26〜27℃以上の海上で発生するのです。

☁ 危険半円と可航半円

　台風とは、その内部での風速の分布は一定ではなく、台風の進行方向の右側の領域で風速が強くなり、逆に台風の進行方向の左側の領域で風が弱くなります。では、なぜそのように風速の分布に違いができるのでしょうか。

　例えば右の図で、中層の風が南から北の方向に向かって吹いているとします。台風というのは、一般的に中層の風の影響を受けて移動することが多いため、右の図でいうと、台風は中層の風に流されて、南から北の方向に移動することになります。

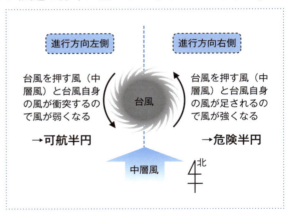

　台風は一種の低気圧ですから、風が反時計回りに吹いていると考えられます。つまり、台風の右側というのは、この台風を押し流す中層の風とこの台風自身の北よりの方向に向かって吹く風が足されることになるので、その分だけこの台風自身の風が強くなるのです。逆に台風の左側というのは、この台風を押し流す中層の風とこの台風自身の南よりの方向に向かって吹く風がお互い衝突するような形になるので、その分だけこの台風自身の風が弱くな

るのです。

　このような理由から、台風の進行方向の右側の領域というのは風が強くなるので、その領域を**危険半円**(きけんはんえん)とよび、逆に台風の進行方向の左側の領域というのは風が弱くなるので、その領域を**可航半円**(かこうはんえん)とよぶのです。

　この危険半円や可航半円という言葉は帆船時代にできた言葉です。その当時の船を動かす動力は「風」でしたので、そのときに台風の中心から帆船で逃れようとするときに向かい風となる台風の進行方向右側を危険半円とよび、追い風となる台風の進行方向左側を可航半円とよびました。決して航海が可能だから安全という意味で台風の進行方向左側を可航半円といったのではありません。

台風の進行方向の東側と西側の地点での風向の変化

　台風の進行方向の東側の地点では、台風が通り過ぎる前と通り過ぎたあとで風向が時計回りに変化し、逆に台風の進行方向の西側の地点では、台風が通り過ぎる前と通り過ぎたあとで風向が反時計回りに変化します。その理由を今からお話しします。

　右の図のように、台風が①から②の方向に進むとします。このとき、台風の進行方向の東側にある地点Eで、どのような風向の変化になるのかをみていきます（図の上側を北の方向としてあります）。

　台風は一種の低気圧ですから、反時計回りに風が吹いています。そのように考えると、この台風が①の位

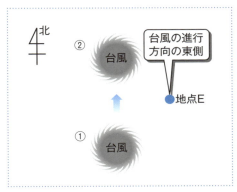

置、つまり地点Eを通り過ぎる前にあるときには、この地点Eでは南東の風が吹いていると考えられます。

次に、この台風が②の位置にあるときには、この地点Eでは南西の風が吹いていると考えられます。

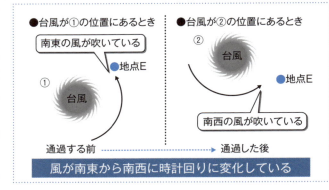

台風がどの方角を通ったのか

この地点Eの例のように、台風の進行方向の東側にある地点では台風が通り過ぎる前（南東）と通り過ぎたあと（南西）とで、風向が時計回りに変化していることになります。

このときに注意しなければいけないのは、台風からみれば地点Eは東側にあるのですが、地点Eからみれば台風は西側を通り過ぎたことになるということです。

では次に、右の図のように台風が①から②の方向に進むとします。このとき、台風の進行方向の西側にあたる地点Wで風向がどのように変化するのかをみていきます。

まずこの台風が地点Wを通り過ぎる前①の位置にあるとき、この地点Wでは北東の風が吹いていると考えられます。

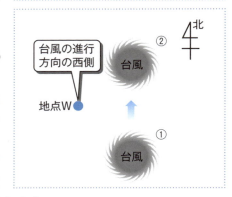

次に、この台風が地点Wを通り過ぎたあと、②の位置にあるときには、この地点Wでは北西の風が吹いていると考えられます。

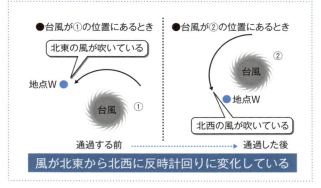

この地点Wの例のように、台風の進行方向の西側にある地点では台風が通り過ぎる前（北東）と通り過ぎた後（北西）とで風向が反時計回りに変化していることになります。

また、このときも台風からみれば地点Wというのは確かに西側にあるのですが、地点Wからみれば台風は東側を通り過ぎたことになります。

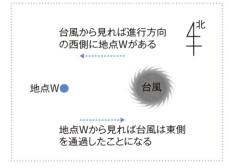

この関係を用いれば、特に台風の位置がわからなくても、その地点の風向の変化をみただけで、台風がどの方角を通過したのかがわかるのです。

台風の高度による風の変化

台風は、下層では反時計回りに風が吹き込み、上層（圏界面付近）では時計回りに風が吹き出しています。なぜこのように下層（反時計回り）と上層（時計回り）で風の回転が逆になるのかというと、台風というのは下層では低気圧なのですが、上層では逆に高気圧になるからです。

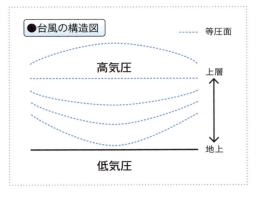

台風が発達するまで

 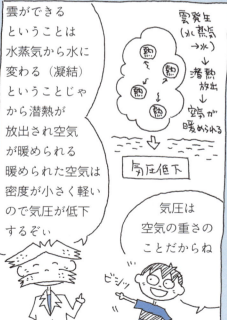

8-6 台風(熱帯低気圧)の発達と衰弱

台風の衰弱

　台風のエネルギー源が水蒸気の凝結に伴って放出される潜熱だとすると、その潜熱を放出するもととなる水蒸気の供給が少なくなれば、台風は衰弱していくものと考えられます。では、どのようなときにその水蒸気の供給が少なくなるのでしょうか。これには2通り考えられます。

　1つは、台風の進路上となる海域の海面水温が低いことです。海面水温の低い場所というのは、海面水温の高い場所よりも蒸発が盛んではないので、そのような海上の空気というのは水蒸気をそれほど含んではいないのです。そのような理由から、海面水温の低い海上を台風は進んでいくうちに、水蒸気の供給が少なくなり、やがて衰弱していきます。

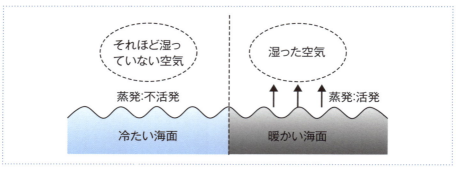

　もう1つは、台風が上陸※するときです。まず、台風が上陸するときというのは、いったいどのような状態でしょうか。簡単にいうと、台風が海上から陸上に移動したときです。陸上というのは海上に比べて水蒸気の量が少ないですから、台風は上陸するとともに水蒸気の供給が少なくなり、衰弱していきます。しかし、台風が上陸して衰弱する理由はそれだけではありません。それは、海上よりも陸上のほうが摩擦力が大きくはたらくことから、台風の渦が弱められるという理由も考えられるのです。

※台風の上陸とは台風の中心が北海道、本州、四国、九州の海岸に達した場合をいいます。

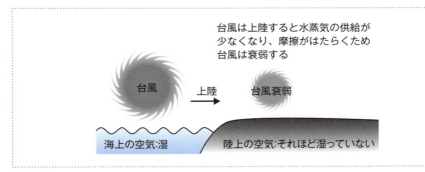

　また、台風が低緯度地方で発生し、そこから北上して中緯度付近まで移動してくると、北側の寒気の影響で温帯低気圧となり、再発達することもあります。これを<ruby>台風<rt>たいふう</rt></ruby>の<ruby>温低化<rt>おんていか</rt></ruby>といいます。台風がそのような理由から温低化すると、強雨域や強風域が大きくなる性質があります。それは、台風（メソスケール）より温帯低気圧（総観規模）のほうがスケールが大きいからです。

台風の進路

　低緯度で発生した台風というのは、大きくみると北の方向に進むものですが、季節によって大まかな経路があります。

　台風は、一般的に太平洋高気圧という、おもに夏に顕著になる高気圧のまわりの流れに沿って移動する傾向があります。

　まず、低緯度で発生した台風は太平洋高気圧の南側に位置しているので、そこで吹いている貿易風という風によって、西よりに進みます。そして、太平洋高気圧の北側に位置するようになると、今度は中緯度で吹く偏西風にのって東よりに向きを変えます。

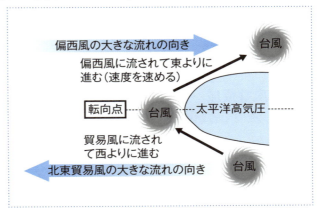

このように、台風の向きが西よりから東よりに変わることを**転向**といい、転向が起こる地点を転向点といいます。また、貿易風よりも偏西風のほうが一般的に速度が大きいので、転向点を過ぎたあと、つまり偏西風の流れに乗り換えたあとの台風は、速度を速めます。

予報円と暴風警戒域

台風は非常に大きな災害をもたらす可能性があるので、その予報は防災上非常に大切です。そのため、台風は**予報円**と**暴風警戒域**という2つの方法から予報をしています。

では、この2つの方法について今からお話ししていきます。

下の図のように、現在の台風中心（図中の×印）からのびている内側の破線で描かれている円を予報円とよびます。その意味は、その円が、予報対象時刻に台風の中心が70％の確率で入ると予想される領域であるという意味です。

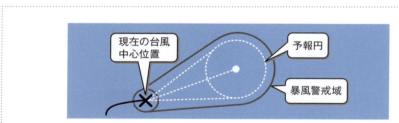

・予報円…台風の中心が70％の確率で入ると予想される領域
・暴風警戒域…台風中心が予報円のどこかに位置したときに
　　　　　　　この円のどこかが暴風域となる領域

☁ 暴風警戒域

また、その予報円の外側に実線で描かれている線を暴風警戒域とよび、台風の中心が予報円のどこかに位置したときに、この円（暴風警戒域）の内側のどこかが暴風域に入る恐れのある領域であるという意味です。

なお、この予報円というのは一般的に予報時間が長くなるにつれて大きくなっていきます。では、なぜそのようになるのでしょうか。

次ページの図をみてください。この図のように台風中心の位置（図中実線

の×印）が左から右に予報されていたとします。明日の天気は当たりやすいけど一週間先の天気は当たりにくいというように、予報の精度は予報時間が長くなる

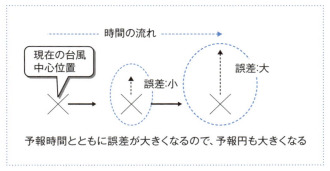

予報時間とともに誤差が大きくなるので、予報円も大きくなる

につれて悪くなるものです。台風も同様で、台風中心位置の予報の誤差も予報時間が長くなるほど大きくなります。そして、その誤差が予報時間とともに大きくなる分だけ予報円というのは大きくしておかなければ進路予報の意味がなく、危険なのです。

このような理由から、予報時間が進むにつれて予報円は大きくなるものであり、決してその台風の勢力が大きくなっているからではありません。また、この予報円は災害をともなうような、よく発達した低気圧に対しても表示されることがあります。

ここでひとつ注意しなければいけないことがあります。それは、暴風警戒域はあくまでも台風の中心が予報円のどこかに位置したときにこの円（暴風警戒域）の内側のどこかが暴風域に入る恐れ

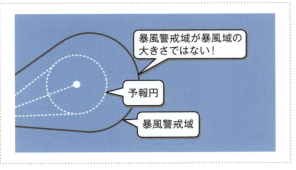

がある領域という意味であるということです。暴風警戒域の大きさ自体が暴風域の大きさではありません。

予報時間の暴風域の大きさ

暴風域とは平均風速２５m/s以上の暴風が吹いている領域のことですが、それではこの暴風域の大きさは、この予報円と暴風警戒域の図からどのよう

にして読み取ることができるのでしょうか？

　先に結論をいうと、予報円と暴風警戒域の間がその予報時間の暴風域の大きさ（具体的には暴風域の半径）を表していることになります。

　予報円のどこかに台風の中心が位置したときに暴風域に入る恐れがある領域が暴風警戒域ということですから、予報円の最も一番外側に台風の中心が位置すると予想された場合、暴風域に入る恐れがある領域は暴風警戒域を表す線の最も外側になるはずだからです（下図参照）。

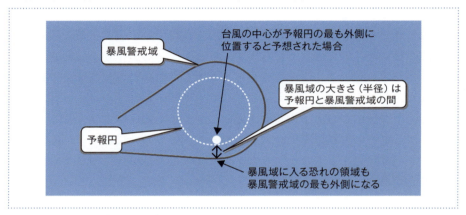

　このような理由から予報円と暴風警戒域の間がその予報時間の暴風域の大きさを表していることになります。

高潮

　台風にともなう災害はたくさんあるのですが、ここでは高潮（たかしお）という災害についてお話しします。この高潮というのはどのような状態のことかというと、海面の高さ（潮位）が異常に上昇する現象のことをいいます。この高潮が発生する原因は3つあります。まず、月の引力による満潮があげられます。次に、台風などの接近により海上の気圧が低下したときに海面が持ち上がる現象です。これを吸い上げ効果とよび、気圧が1 hPa低下すると海面が1 cm上昇するといわれています。また、台風の暴風などにより、海水が山のように盛り上がりながら海岸に吹き寄せる現象が起きます。これを吹き寄せ効果といいます。高潮はこれら3つの原因が重なって起こります。

第 **9** 章

成層圏と中間圏の大規模な運動

北半球と南半球では季節は逆になる!?

地球は地軸（地球の北極と南極を結んだ軸）が傾いた状態で太陽のまわりを回転（公転）しているのでどうしても北半球と南半球で太陽の光を受け取る量に差ができてしまうのじゃ！それが北半球と南半球で季節が逆になる理由なのじゃ！

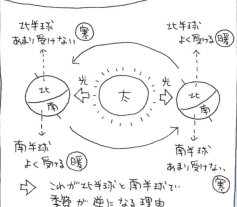

またこの地軸の傾きが1日じゅう太陽の沈まない（白夜）場所と1日じゅう太陽の昇らない（極夜）場所をつくりあげてしまうのじゃ！

くわしくは第5章を復習！

よろしくね！

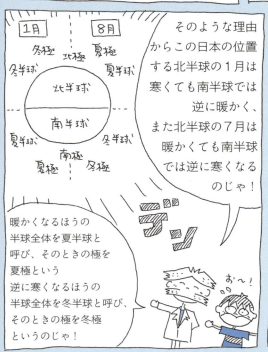

そのような理由からこの日本の位置する北半球の1月は寒くても南半球では逆に暖かく、また北半球の7月は暖かくても南半球では逆に寒くなるのじゃ！

暖かくなるほうの半球全体を夏半球と呼び、そのときの極を夏極という
逆に寒くなるほうの半球全体を冬半球と呼び、そのときの極を冬極というのじゃ！

ではこのあたりを踏まえてくわしくお話ししていくよ

よし今回もがんばるよ！

9-1 成層圏・中間圏の気温と風

成層圏と中間圏の気温の分布

ここでは、成層圏と中間圏をひとつに合わせた**中層大気**の気温が、北極から南極（北から南）に向けてどのような分布の特徴がみられるのかというのをみていきます。

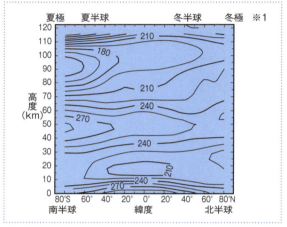

右の図は、1月の気温を緯度別または高度別に表した図です。この図の見方を説明しておくと、まず縦軸に高度（km）が表されており、上にいくほど高くなります。また横軸には緯度が表されており、図の中央が赤道（0°）、そこから左右にいくほど緯度が高く、図の左端が南極（90°S）、図の右端が北極（90°N）となります。また、この図の中の実線が等温線（単位：K）を表しています。つまり、この図の左半分が南半球の気温分布を表しており、図の右半分が北半球の気温分布を表していることになります。

また、この図は地球が1月の時期の気温分布を表した図ですから、この時期の北半球は寒いので冬半球（北極は冬極）ということになり、逆に南半球は暖かいので夏半球（南極は夏極）ということになります。

しかし、これが7月になると北半球のほうが暖かく北極が夏極の夏半球となり、南半球のほうが寒く南極が冬極の冬半球となります。つまり、季節が逆になるので、この図の中の気温の分布もほとんど左右が逆になることに注意してください。

では、この図の中の特徴をくわしくみていきます。成層圏下層にあたる高

※1）出典：COSPAR International Reference Atomosphere、1986

度約10〜20kmでは最も気温が低くなるのが赤道付近であり、そこから両極に向けて気温は高くなります。くわしくいうとその両極の中でもこの時期の夏極にあたる南極付近（7月なら北極付近）で最も気温が高くなります。

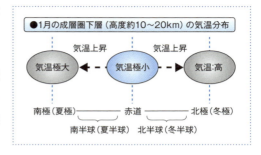

赤道付近の気温

私たちは赤道付近が最も気温が高いとイメージしがちですが、この成層圏下層においては、その赤道付近で最も気温が低くなります。なぜそのような結果になるのでしょうか。先に結論をいうと、赤道とそのほかの場所での圏界面（対流圏と成層圏の境目）の高さの違いが、このような結果を生むのです。

右の図のように、地表面付近の赤道の気温を仮に30℃として、極を10℃とします。そして、このときのポイントは何かというと、赤道の圏界面の高さが約16kmと高く、逆に極の圏界面の高さが約8kmと低いということです。

圏界面というのは、対流圏と成層圏の境目、つまり圏界面より下が対流圏、上が成層圏であるということを表していますから、赤道

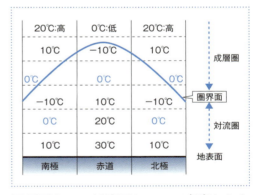

にしても極にしても、地上からこの圏界面までは対流圏なので、高度とともに気温は低下します。そして、この圏界面を越えると成層圏となり、そこでは逆に単純に考えて、高度とともに気温は上昇します。

では、右上の図のように、地上から点線の高さとともに10℃ずつ気温が変化するものとすると、極では圏界面の高さが赤道よりも低いので先に気温が上昇することになり、赤道が圏界面を越えて成層圏の下層に達する頃には極のほうが気温が高く（図では20℃）、赤道のほうが気温が低く（図では0

℃）なります。このような理由から、成層圏下層ではどの場所よりも赤道付近の気温が年間を通して最も低いのです。なお、この成層圏下層で赤道付近の気温の低い状態のことを**コールド・トラップ**ということもあります。

では、前々ページの図をもう一度みてください。高度約20〜60kmでは、この時期の**夏極**にあたる南極付近※で気温は最も高く、逆に冬極にあたる北極付近で気温は最も低くなります。なぜそのようになるかというと、この時期の

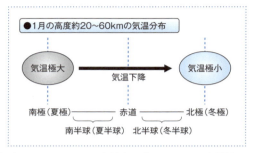

南極付近は1日中太陽が沈まない白夜にあたり、日射量が多く、この層間の高度約20〜60kmのオゾン（O_3）が太陽紫外線（UV）をよく吸収し、大気をよく加熱するからです。

逆にこの時期の北極付近は1日中太陽が昇らない極夜にあたります。そのため、ここではオゾンが紫外線を吸収できず、大気からの赤外放射によって熱が出ていくばかりになり、冷却されます。このオゾンによる太陽紫外線の吸収に伴う加熱と、大気自身の赤外放射による冷却の差が、夏極の南極で気温の極大、冬極の北極で気温の極小という結果を生じさせるのです。

※7月なら夏極が北極、冬極が南極となる

上昇・下降流の影響

では、再度前々ページの図を見てください。中間圏中層以上の高さにあたる高度約70km以上の高さに注目すると、この時期の夏極にあたる南極※で最も気温は低くなり、**冬極**にあたる北極で最も気温は高くなります。ここでは、先

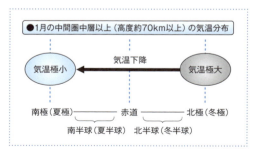

ほどの高度約20〜60kmに見られた気温の分布のパターンとは逆のパターンになるのですが、なぜでしょうか。

次ページの図は、この成層圏と中間圏の空気の循環を表す図なのですが、

この図の中の矢印が空気の流れを表しています。この図をくわしくみると、夏極の高度70kmあたりには上昇流（矢印の向き参照）が発生しており、この上昇流に伴う断熱冷却のはたらきにより高度約70km以上の夏極では気温が低下します。逆に冬極の高度70kmあたりには下降流（矢

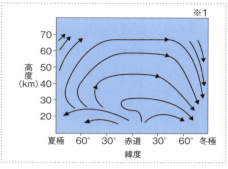

印の向き参照）が発生しており、この下降流に伴う断熱昇温のはたらきにより高度約70km以上の冬極では気温が上昇します。このような理由により、この時期の夏極にあたる南極で気温が最も低くなり、冬極にあたる北極で気温が最も高くなるのです。

　また高度約20〜60kmでも同じように、夏極で上昇流があり、逆に冬極で下降流が発生しているのですが、ここでは夏極のオゾンによる加熱がその上昇流による断熱冷却を上回るので気温は上昇します。逆に冬極では大気による赤外放射の冷却がその下降流による断熱昇温を上回るので気温は低下します。以上のことから、同じように夏極で上昇流、冬極で下降流が発生していても、約20〜60kmの高度間ではオゾンと赤外放射の効果により、夏極で気温が最も高くなり、冬極で気温が最も低くなるのです。

成層圏と中間圏の風の分布

　ここでは成層圏と中間圏の風を、先ほどの気温の分布のときと同じように、北極から南極（北から南）に向けて、どのような特徴の変化が起きているかというのをお話ししていきます。

　次のページの上図は、1月の東西方向の風を緯度別または高度別に表した図です。この図の見方を説明しておくと、縦軸には高度（km）が表されており、横軸には緯度が表されています。図の中央が赤道（0°）に対応し、そこから左右にいくほど緯度が高くなり、図の左端が南極（90°S）、右端が北極（90°N）となります。また、この図の中の実線が等風速線を表しており、この図の中の数値がその風速（単位：m/s）を表しています。その風速を表した数値の

※1）出典：T.Dunkerton, 1978: J.Atmos. Sci., 35, p.2330

前に付加されている−の符号が東から吹く東風を表しており、ここでは省略されていますが＋の符号が西から吹く西風を表します。この図ではその東風と西風の領域の差をわかりやすくするために、東風の領域には陰影が付加されています。

また、この図は1月の東西方向の風の分布を表した図で、かつ季節が1月ということから、この図の左半分の南半球

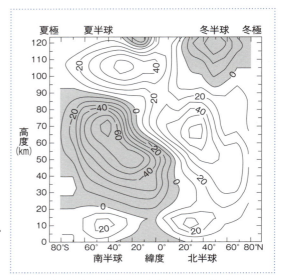

が南極を夏極とする夏半球、右半分の北半球が北極を冬極とする冬半球ということになります。では、この図の中でみられる風の特徴について今からお話ししていきます。

高度と風の吹き方

まず対流圏では、この時期の夏半球にあたる南半球でも、冬半球にあたる北半球でも、ほとんどの地域で西風が吹いており、両半球とも緯度30度付近で周囲に比べて風速の大きなジェット気流が吹いています。

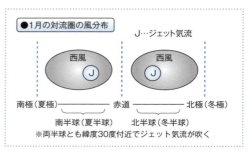

次に対流圏より上層の高度約20〜90kmでは、この時期の夏半球にあたる南半球の全域で東風が吹いています。逆にこの時期の冬半球にあたる北半球では、全域で西風が吹いています。

最後に約90km以上の高さになると、高度約20〜90kmまでの高さで確認した東風と西風の分布が逆になり、この時期の夏半球にあたる南半球の全域

で西風が吹き、冬半球にあたる北半球では全域で東風が吹いています。

では、なぜこのような特徴的な風の吹き方をしているのでしょうか。その理由は、この1月という時期の北半球(冬半球)と南半球(夏半球)の対流圏や中層大気、つまり成層圏と中間圏での気温分布が大きく影響しているからです。

第6章の温度風のところでお話ししたのですが、風にはその吹き方に性質みたいなものがあり、北半球では暖かい側を右手に見るように風は吹き、逆に南半球では暖かい側を左手にみるように風は吹きます。

例えば、P370の図によると、1月の対流圏内では、同じ高さでみると赤道のほうが暖かく、それに比べて両極のほうが冷たいので、ここにその風の吹く性質を当てはめると、北半球では暖かい側、つまり赤道を右手にみて吹く性質があるので西風となり、また南半球では暖かい赤道を左手に見て吹く性質があるので、南半球でも結局のところ北半球と同じく西風が吹くことになります。このような理由から、1月の対流圏の風の分布というのは、南半球でも北半球でもほとんどの地域で西風が吹いていることになるのです。

このように、1月の対流圏や中層大気での気温分布に温度風の関係を当てはめると、実際と理論上の話では多少の誤差はありますが、大きくみると前ページの図で確認した東西風の分布になるのです。また、1月と7月では北半球と南半球で気温の分布が逆になるので、そのときには注意が必要です。

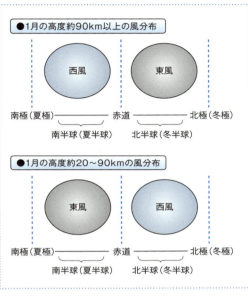

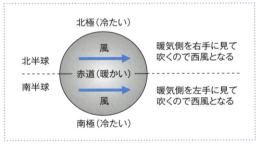

成層圏では1日で約40℃も気温が上昇する!?

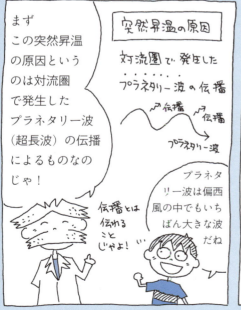

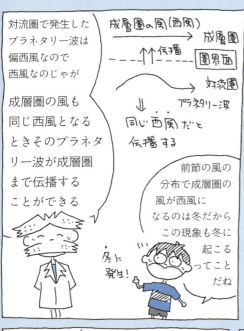

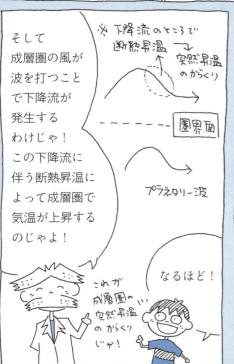

9-2 準二年周期振動

東風と西風は約2年交代で吹く

　下の図は、赤道付近での月平均の東西風の時間と高度による変化を表したものです。この図の見方を説明すると、まず縦軸に高度（単位：km）と気圧（単位：hPa）が表されており、上にいくほど高度は高くなり、気圧は低くなります。そして、横軸に2月→6月→10月と4か月ごとの時間の変化が表されており、右にいくほど時間が進みます。

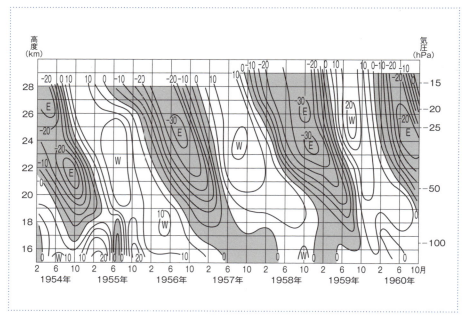

　また、この図の中のEが東風を表しており、Wが西風を表しているのですが、約2年（26か月）という周期（期間）の中で東風と西風が交代して吹いています。これを**準二年周期振動（QBO）**といいます。この図を詳しく見ると、その東風も西風も、上層から時間とともに下層に伝わっています。

※1）出典：R.J.Reed and D.G.Rogers, 1962: *J.Atmos. Sci.*, 36, 127-135.

オゾン層破壊

おもに冷房などに利用されていた**フロンガス**（正式名：**クロロフルオロカーボン**）は非常に安定な物質であるため、地上付近でそのフロンガスが放出されても対流圏ではほとんど分解されずに成層圏まで輸送されます。そして、そのフロンガスが成層圏に輸送されると、太陽紫外線のはたらきで分解され、成分として含まれている塩素原子を放出します。この塩素原子がオゾンを一酸化塩素と酸素分子に分解し、この反応によって成層圏、細かくいうと、高度約40km付近の上部成層圏のオゾンが破壊されるのです。

☁ オゾンホール

このオゾンというのは年々減少してきており、特に春先の南極上空（南半球では9〜10月頃）で著しく小さくなり、これを**オゾンホール**といいます。

フロンなどのオゾン層破壊物質が存在することに加えて、南極特有の気象条件がオゾンホール発生の鍵です。

極域の冬季は太陽光がほとんどない極夜で、成層圏ではオゾンによる紫外線の吸収がないために極めて低温となります。また、北極点や南極点を中心として極渦とよばれる低温の西風の渦が発生します。温度風の関係により、北半球は寒気側を左手に、暖気側を右手にみて吹き、南半球は寒気側を右手に、暖気側を左手にみて吹くので、極渦は西風となるのです。

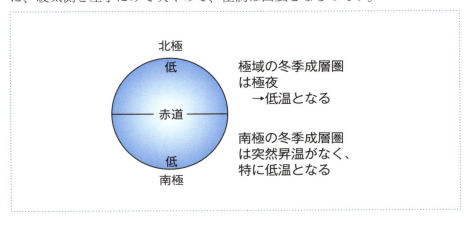

第9章 ● 成層圏と中間圏の大規模な運動

この極渦により、極域と周囲との熱輸送が制限され、放射冷却により極域は著しく低温となります。また、冬季の南半球の成層圏は北半球のような成層圏の突然昇温が起こらない、つまり対流圏のプラネタリー波の伝播がないため、南極のほうが北極よりも冬季は低温になりやすいのです。

☁ 極域成層圏雲

　成層圏は乾燥しており、通常は雲が発生することがありませんが、冬季の南極は上記のような理由から低温になりやすく、**極域成層圏雲**（**極成層圏雲**：**PSC**）という特殊な雲が発生します。

```
●南極の冬季成層圏
        極域成層圏雲
          ▲ ▲ ▲
        氷晶（氷の微粒子）
```
化学反応が起きて、春に南極に太陽光が差し込みフロンから発生した塩素がオゾンを破壊

　この雲は低温な場で発生するため、氷晶、または氷の微粒子からできています。一般的に氷晶のような個体粒子表面では化学反応が起きやすく、さらに春になると南極に太陽光が差し込みます。そこでフロンから発生した塩素がオゾンを破壊するのです。

　このような理由から、９～１０月ごろ、つまり南半球における春先の南極上空で、オゾンが著しく減少するオゾンホールが発生します。

第 10 章

気候の変動

自然的要因と人為的要因

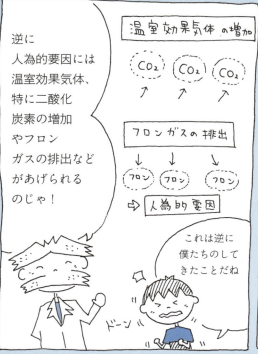

10-1 気候の変動の要因

温室効果と地球の温暖化

　この**地球温暖化**についてお話ししていく前に、地球の**温室効果**というのがどのようなものかというのを復習しておきます。

　地球の大気というのは、太陽から放出される熱、つまり太陽放射はほとんど吸収せずに、逆に地球から放出される熱、つまり地球放射はほとんど吸収してしまうという性質があります。その地球から放出される熱を吸収するのが、地球の大気の中でもおもに水蒸気や二酸化炭素といった温室効果気体とよばれるものなのです。

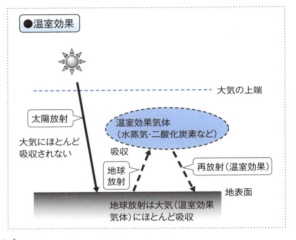

　そして、地球から放出される熱を吸収した大気、いわゆる温室効果気体は、地表面付近に向かって再放射をします。この再放射によって地表面付近というのは暖められることになります。これを温室効果といいます。

　もし、この温室効果がなければ、地球とは氷点下の惑星になってしまうので、地球上の生物にとって温室効果は本来はすごくありがたいものなのです。

地球温暖化

　しかし、近年問題になっているのは、人間活動に伴ってこの温室効果気体

が増加してきていることです。その中でも特に増加の割合が目立つのが二酸化炭素（CO_2）です。また、温室効果気体の1つでもあるフロンのような、本来は自然界には存在しなかった人為的な化合物も、近年産業面での使用量の増加に伴

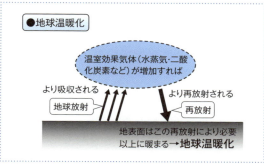

い、この大気中に占める割合が増加していることも事実です。

いずれにしても、温室効果気体が大気中に増えれば、地球から放出される熱をより吸収することになり、地表面付近に向かっての再放射も増えるので、地表面付近はより暖められます。これを地球温暖化といいます。

二酸化炭素（CO_2）の増加

近年の地球が抱える最大の問題は、二酸化炭素（CO_2）の増加ではないでしょうか。なぜかというと、先ほどもお話ししましたが、地球温暖化に関与しているからです。

二酸化炭素の排出量は、18世紀に始まった産業革命以前はほぼ一定でした。しかし、その後、石油や石炭といった化石燃料の燃焼が増加するに従って、増加してきています。というの

も、二酸化炭素は化石燃料を燃やすと多量に発生するものだからです。また、二酸化炭素は化石燃料の消費の多い北半球の陸上で多く発生しているのですが、二酸化炭素の増加傾向は何もそのような北半球の陸上だけの話ではありません。これまでの章の中でお話ししてきた地球を巡るような大きな風にのって、化石燃料の消費のほとんどみられない極域などにも二酸化炭素は運ばれているからです。以上のような理由から、この二酸化炭素は地域によって

の差はなく、全地球的に増加の傾向がみられます。

　また、二酸化炭素の排出量は季節ごとの変化も大きく、夏季に最も減少します。その理由は、夏季に植物が生い茂るからです。植物、くわしくいうと緑色植物は、太陽の光エネルギーを用いて、水と二酸化炭素からブドウ糖を合成し、酸素を放出するはたらきをしています。これを光合成というのですが、この植物の光合成により大気中の二酸化炭素は吸収されるので、その植物が生い茂る夏季に二酸化炭素は最も減少します。

　このように、季節ごとにも二酸化炭素の排出量は変動をしているものなのですが、先ほどもお話ししたように、産業革命以来、確実に増加の一途をたどっているのです。

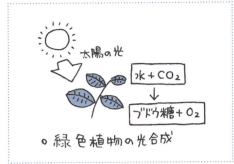

都市部を熱くするヒートアイランド

　ヒートアイランドというのは、都市部での地表付近の気温が、周辺部に比べて高くなっている現象のことをいいます。ヒートというのは熱、アイランドというのは島という意味ですから、文字通り「熱の島」と訳すことができます。

　では、なぜこのようなことが都市部で起こるのかというと、電力やガソリンなどのエネルギー消費にとも

ない排出される熱が、この都市部を暖めるのがおもな原因です。また、このヒートアイランドは日中の最高気温よりも夜間の最低気温に顕著に現れ、夏季よりも冬季によりはっきりと現れます。

酸性雨

空から降ってくる雨というのはもともとわずかに酸性なのですが、それは、この雨の中に二酸化炭素が溶け込んでいるからです。

雨の酸性の度合いを表す記号にはpHという記号が使われるのですが、この記号でいうとpH7の段階が中性を表しており、それより数値が小さくなると酸性が強く、逆に数値が大きくなるとアルカリ性が強くなります。二酸化炭素が溶け込んだ雨とはpH5.6の状態であり、この数値からみてもpH7（中性）よりも数値が小さいのでわずかに酸性ということを確認することができます。このpH5.6よりも数値が小さくなり酸性度が増した雨のことを**酸性雨**といいます。

> pH（ピーエイチ／ペーハー）
> …雨の酸性度を表す記号
>
> pH7が中性の状態
> 数値が小さくなる→酸性が強い
> 数値が大きくなる→アルカリ性が強い
>
> 二酸化炭素が溶け込んだ雨（通常の雨）
> →pH5.6（わずかに酸性）
>
> ↓
>
> この数値より小さく酸性度が増せば酸性雨

この酸性雨の原因は、おもに石油や石炭を燃焼させた排ガスに含まれる硫黄酸化物や窒素酸化物です。これらの物質が大気中を移動するうちに、太陽光線による反応などで酸性物質になります。その酸性物質が雨の中に溶け込むなどして空から降ってきたものが酸性雨です。

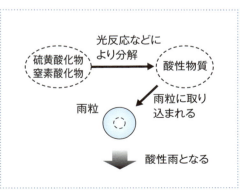

エルニーニョ現象と ラニーニャ現象

では次にエルニーニョ現象についてお話ししていくよ

エルニーニョ現象ってよく聞くよ

エルニーニョ現象とは、東部太平洋の赤道付近の海域の、海面水温が平年に比べて高くなる現象のことをいうのじゃ

おー これがエルニーニョ現象か！

ではいまからこのエルニーニョ現象の発生するメカニズムについて順にお話ししていくよ。
まず赤道付近の海面水温は空気の気温と同じで太陽から受けるエネルギーが大きく周囲よりも高くなっているものなのじゃ

うんうん！

海面水温とは海面付近の温度を表しているものなのじゃが、このときの赤道付近と海の中の温度はどのようになっているのかというと、

海面付近は日射により暖められており、その下で急激に変化し、さらにその下には海の底の冷たい海水と続くぞ

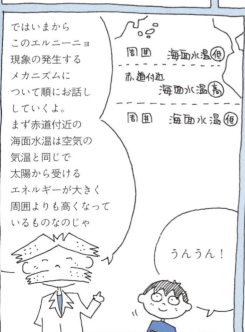
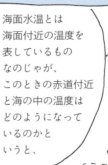
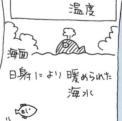

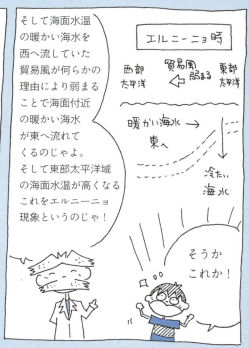

10-2 エルニーニョ現象

エルニーニョ現象による影響

　エルニーニョ現象とは、東部太平洋の赤道付近の海域の海面水温が高くなる現象のことをいうのですが、どのような影響があるのでしょうか。

　先ほども博士がお話ししていましたが、通常時の赤道付近の海面水温というのは西部で高く、東部で低くなっています。このとき、西部の海面水温は年間を通じて28℃以上と非常に高くなります。日本では最低気温が25℃以上の夜を熱帯夜といいますから、それから比べても28℃以上という温度がどれほど高いかというのが想像できると思います。海面水温がそれほど高いので、その上の空気というのは暖かくよく湿っており、赤道太平洋の西部付近では、たくさんの積乱雲が発生しては消滅しています。そして、このたくさん発生する積乱雲の中の一部が台風にまで発達することができるのです。

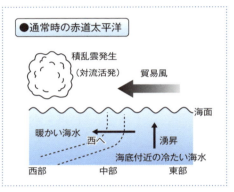

　今の話はあくまで通常時での話なのですが、これがエルニーニョ時になると、通常時には西部に偏っていた海面付近の暖かい海水が東へ流れてくるようになります。そして、この暖かい海水が東へ移動してくることによって、その上で発生していた積乱雲のその発生する場所というのも東、細かくいうと赤道太平洋の中部付近へ移動してくるようになりま

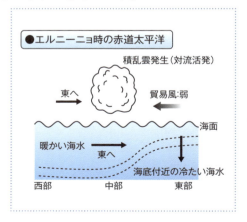

390

す。また、このエルニーニョは遠く離れた日本にも影響を与え、エルニーニョが発生すると日本では冷夏・暖冬になることが多いといわれています。このように、エルニーニョと日本の冷夏・暖冬のように遠く離れた気象要素がお互いに関連的に変化をして、気象学的に結びつきがあると考えられることを**テレコネクション**といいます。

南方振動

エルニーニョ現象とよく関係している現象のひとつに**南方振動**があります。南方振動とはダーウィン（西部太平洋付近：オーストラリア大陸北部に位置）とタヒチ島（中部太平洋付近）で地上の気圧が一方が高くなればもう一方は逆に低くなるような、シーソー的に上下する変化のことをいいます。

右の図は、その南方振動を表した図です。図の見方は、縦軸に平年値からの気圧のずれ（単位：hPa）を表しており、中央の0のラインが平年並で

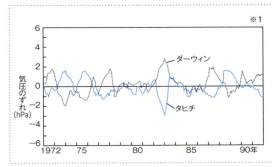

す。そこから上にいくほど平年より高くなり、逆に下にいくほど平年より低くなります。また、横軸には西暦が表されており、左端が1972年で、そこから右に1年ごとに目盛りが進んでいきます。

また、図の中の破線がダーウィンの地上気圧の変化を表しており、実線がタヒチ島の地上気圧の変化を表しています。すると、その2つの地点での地上気圧は確かにシーソー的に変化しています。これを南方振動といいます。

実は、この図の中で最もダーウィン（気圧：高）とタヒチ島（気圧：低）の気圧の差が広がっている1982年に、顕著なエルニーニョ現象が実際に発生し

※1）出典：Berlarge,1957

ています。そしてエルニーニョが発生しているときには、ダーウィンのほうが気圧が高く、逆にタヒチ島のほうが気圧が低くなっています。なぜこのようになるかというと、通常時の赤道付近の海面水温は西部ほど高くなっており、東部は低くなっているからです。

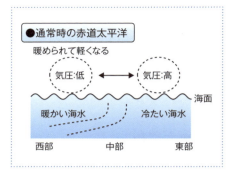

そのような理由から、西部太平洋付近の海上にある空気は、暖かい海面により暖められているために気圧が低く、東部太平洋付近は気圧が高いのです。

それがエルニーニョ時には、その西部にたまっていた海面付近の暖かい海水が東に流れてくるために、中部太平洋付近の上にある空気がその暖かい海面によって暖められるためにその付近

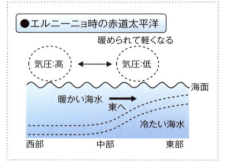

の気圧が低くなります。そして、そのときの中部太平洋付近(タヒチ島付近)の地上気圧に比べて、西部太平洋付近(ダーウィン付近)の気圧というのは相対的に高くなるのです。このような理由から、エルニーニョが発生しているときにはダーウィンのほうが気圧が高くて、逆にタヒチ島のほうが気圧が低くなります。

このように、どこかの海面水温が変化すると、それは海面水温だけの変化に留まらずに地上気圧なども変化するものであり、海面水温の変化と気圧の変化、つまり海洋と大気は密接に関係しているものであるという例を示したものが、この節のテーマにもなっているエルニーニョ現象と南方振動なのです。

このような理由から、現在では、エルニーニョ現象と南方振動を連動した1つ

の現象と考えてENSO（エンソ）とよんでいます。ちなみに、ENSOというのはEl Nino and Southern Oscillationの略のことであり、El Ninoはエルニーニョ、Southern Oscillationは南方振動のことです。

海水が湧きあがる現象

　深い海の底にある冷たい海水が湧き上がってくる現象のことを湧昇といい、赤道湧昇と沿岸湧昇の2種類があります。では、まずこの内の赤道湧昇からお話ししていきます。

　海面で風により発生した波というのは、いかにもその風の吹く方向と同じ方向に進みそうなものですが、実はそうではありません。北半球では風の進行方向に対して直角右向きの方向に進み、南半球では風の進行方向に対して直角左向きに進む性質があります。これはコリオリ力によるものです。

☁ 赤道湧昇

　このような理由から、赤道付近は熱帯収束帯といって、北東貿易風と南東貿易風がよく収束するような場所なのですが、そのような風が吹くときに波というのはその風の進行方向に対して北半球では直角右向きに進み、南半球では直角左向きに進むために、波は逆に赤道付近から離れていく、つまり発散するようになります（右図参照）。

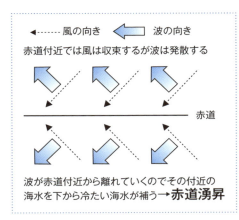

　ところで、赤道付近ではそのように海面で波が離れていくので、そこで海水がなくなるのでしょうか。もちろんそうではなく、下から冷たい海水が補っています。この現象を、特に赤道付近で発生するので赤道湧昇といいます。

☁ 沿岸湧昇

　次に沿岸湧昇についてお話ししていきます。この沿岸湧昇がよく発生する

地域は東部太平洋付近の、南米大陸のペルー沖です。このペルー沖は南半球の、赤道のすぐ南側に位置しますので、南東貿易風が卓越する場所となります。

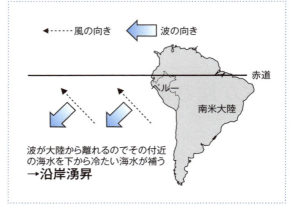

先ほどもお話ししましたが、波というのは、南半球では風の進行方向に対して直角左向きに進みます。そのため、ペルー沖では南東貿易風に対して、波は南西の方向に向かって進む（右上図参照）ことになります。つまり、このペルー沖では南米大陸から離れるように、波が発生していると考えられるのです。

ところで、この付近では大陸から海面で波が離れていくので、そこで海水が少なくなるのでしょうか。もちろんそうではなく、下から冷たい海水が補っています。この現象を特に大陸の沿岸で発生するので沿岸湧昇といいます。

このように、湧昇には赤道湧昇と沿岸湧昇という2つがあるのですが、いずれの場合にしても下から冷たい海水が湧き上がってくるので、その海域では海面水温は低下するものなのです。この2つの湧昇の効果も手伝って、東部太平洋の赤道付近の海面水温というのは一般的に低くなっています。

ここでエルニーニョ現象の名前の由来についてお話しします。多くの場合はペルー沖を指す東部太平洋の赤道付近の海域では、冷たい海水が湧昇しており、その冷たい海水は、栄養分を豊富に含んでいるため、プランクトンが多く、そのプランクトンを食べるアンチョビ（カタクチイワシ）などのよい漁場となっています。

しかし湧昇が弱くなり、海面表層に暖かい海水が入り込むと、この海域からアンチョビが去ってしまうことになります。この現象は毎年12月のクリスマスの頃に見られたので「神の子（男の子）」を意味するエルニーニョと名づけられました。ちなみに東部太平洋の赤道付近で海面水温が平年に比べて低くなることを**ラニーニャ現象**といい、ラニーニャには「女の子」という意味があります。

おわりに

　私がはじめて気象予報士試験を受験したのは第15回試験のこと。もうかれこれ15年近くも前になるでしょうか。そのときの感想は、それはまぁ、とにかくちんぷんかんぷんでして……（涙）。本当のところ、何をどのように解いたのかもほとんど記憶がありません。よくもそんな私が、いまではこのように気象予報士の講師になれて、さらに気象学の本を出版できたものだなぁと不思議に思うことがあります。

　この本の読者の皆さまは受験生なのか、それともすでに資格を取得されているのか、それはわかりませんが、ここでは受験生の皆様を想定させていただきます。当たり前ですが、私ももとは受験生です。気象予報士になることを目標にただただ勉強に必死になっている頃が確かにありました。私の高校時代の成績は、数学8点、物理15点などといった赤点を取るような、はっきりいって落ちこぼれでした。その頃を知っている親友からは「お前になんか気象予報士になれるか！」と心無いことをいわれたこともありました。もちろん、ほとんどの友だちが応援してくれていましたけどね。自分に自信をもちたかった。そして人生を変えたかった。何よりも親に安心してもらいたかった。だから、どんなひどいことをいわれても諦めることなく頑張ることができたように思います。

　でも、やはり私も人間です。そりゃ気持ちが落ち込むこともありますし、勉強が嫌で嫌で仕方がないときもたくさんありました。そんなときによくやっていたモチベーションアップの方法——それは、「気象予報士になれたときの自分を想像すること」です。すると、心がワクワクと踊り出してきて「よしやるぞ！」という気持ちを取り戻すことができたのです。

　皆さんは、気象予報士になれたときの自分自身の姿が想像できていますか？

　その姿がきちんとイメージできているならきっと大丈夫！　だって、強く思ったことは現実になりますから。そして、いつか……いつか気象予報士になれた皆さんとお会いできることを、心から楽しみにしています。

中島俊夫

さくいん

あ

亜寒帯低圧帯（寒帯前線）	291
朝凪	348
アジア・モンスーン	298
暖かい雨	144
アナ型（アナフロント）	303
アナバティック風（斜面上昇流）	348
亜熱帯高圧帯	290
亜熱帯ジェット気流	296
あられ	151
アルベド	182
安定な状態	104
安定（夜間）境界層	260
イオン	34
移行層	258、260
位置エネルギー	128
１気圧	19
緯度	165
移流	51
移流（前線性）逆転層	110
移流霧	158
インデックス・サイクル	314
ウィーンの変位則	172
ヴォルト	342
渦度	270
渦度０線	271
渦雷	343
海風	346
海風前線	351
運動エネルギー	129
雲粒	144
エアロゾル	138
エイトケン核	138
エネルギー保存の法則	129
エマグラム	114
エルニーニョ現象	390
沿岸湧昇	393
遠日点	164
遠心力	229、233
鉛直シア	338
鉛直方向	51
エントレインメント層	260
煙霧	138
オープンセル型	328
小笠原気団	299
オゾン	29、35
オゾン層	29
オゾンホール	379
オホーツク海気団	299
親雲	340
温位	84
温室効果	180、384
温帯低気圧の発達３条件	321
温帯低気圧のライフサイクル	320
温暖型閉塞前線	305、306
温暖前線	302
温度傾度	201
温度風	248
温度風の関係	252
温度風ベクトル	250

か

界雷	343
海陸風	346
角運動量保存則	272
可航半円	357
下降流	51
風下波	350
可視光線（VIS）	36、172
ガストフロント（陣風前線、突風前線）	340
風	51
風の逆転	250
風の順転	250
カタ型（カタフロント）	303
カタバティック風（斜面下降流）	349
過飽和	139
仮温度	132
過冷却水滴（過冷却雲粒）	150
乾いたフェーン	134
寒気移流	251
間接循環	292
乾燥断熱線	114
乾燥断熱変化	61、64
寒帯前線	291
寒帯前線ジェット気流	296、297
寒冷型閉塞前線	305、307
寒冷前線	303
気圧	40
気圧傾度	200
気圧傾衡力	50、51、204
気圧の尾根（リッジ）	195、275
気圧の谷（トラフ）	195、275
幾何光学的散乱	189
危険半円	357
季節風	298
気団	299、338
気団性雷雨	338
気団変質	299
キャノピー層	261
凝結	56
凝結過程（拡散過程）	144
凝固	56

凝集過程	152
強風域	355
極域成層圏雲（極域成層圏雲、PSC）	380
極高圧帯	291
極循環	291
極夜	164
巨大核	138
距離の逆2乗則	173
霧	157
均質圏	34
近日点	164
空気の上下運動	29
クローズドセル型	328、329
傾圧不安定波（長波）	312
傾度風	228
傾度風平衡	229
圏界面	28
原子核	34
原始地球	22
顕熱	57
高気圧	41
高層天気図	194、195
高度差	53
コールド・トラップ	372
子雲	340
コリオリ因子	213
コリオリパラメータ	213、278
コリオリ力	210
混合層の名残り	260
混合比	97

さ

最盛期（閉塞期）	323
最大瞬間風速	172、354
最大風速	354
三角関数	235
山岳波	350
酸性雨	387
シアベクトル	331
地雨（一様性降水、しとしと雨）	156、302
ジェット気流	296
ジオポテンシャル高度	133
紫外線（UV）	36、172
時間スケール	261
指数	24
湿域	97
湿球温位	91
湿潤域	97
湿潤断熱線	114
湿潤断熱変化	62、64
湿数	96
視程	157
シベリア気団	299
湿ったフェーン	134

斜辺	235
シャルルの法則	44
しゅう雨（にわか雨）	156、303
収束	266
自由対流高度（LFC）	119
終端速度	147
重力加速度	50
重力流	349
10種雲形	155
準二年周期振動（QBO）	378
昇華	56
昇華凝結過程	150
小規模運動（ミクロスケール）	261
蒸気霧（混合霧）	159
条件付不安定	78、80
上昇霧（滑昇霧）	160
上昇流	51
状態方程式	44
蒸発	56
吸い上げ効果	366
衰弱期	323
水蒸気の飽和	149
スコールライン	335
水平スケール	261
ステファン・ボルツマンの法則	170
スーパーセル型	339
静水圧平衡（静力学平衡）	50、51
成層圏	29
成層圏界面	32
赤緯	165
赤外線（IR）	36、172
赤外放射	173
赤道低圧帯	290
赤道湧昇	393
積乱雲	303
脊梁山脈	331
摂氏	23
絶対安定	78、79
絶対渦度	278
絶対渦度保存則	278
絶対温度	23
絶対湿度	99
絶対不安定	78、81
接地逆転層	108
接地層	258、260
全圧	47
旋衡風	232
旋衡風平衡	233
潜在不安定	126
前線帯	302
前線霧	160
全天日射量	174
潜熱	56
潜熱輸送	286
総観規模（シノプティックスケール）	262

層状雲	……………………………	155
相対渦度	…………………………	278
相対湿度	…………………………	97
相当温位	……………………	86、87

た

大核	………………………………	138
大気境界層	………………………	258
大気の規程	………………………	138
大気の窓領域	……………………	181
大規模運動（マクロスケール）	…	261
台風	………………………………	354
台風の温低化	……………………	363
対辺	………………………………	235
太陽系	……………………………	14
太陽光線	…………………………	36
太陽高度角	………………………	166
太陽定数	…………………………	166
太陽風	……………………………	22
対流	……………………… 51、125
対流雲	……………………………	155
対流圏	……………………………	28
対流圏界面	………………………	28
対流混合層	…………… 258、259
対流不安定	………………………	102
対流有効位置エネルギー（CAPE）		125
対流不安定成層	…………………	103
対流抑制（CIN）	………………	125
ダウンバースト	…………………	335
高潮	………………………………	366
竜巻（トルネード）	……………	342
谷風	………………………………	348
暖域	………………………………	304
暖気移流	…………………………	250
短時間強雨	………………………	156
断熱圧縮	…………………………	60
断熱昇温	…………………………	61
断熱変化	……………………… 60、69
断熱膨張	…………………………	60
断熱冷却	…………………………	60
短波放射	…………………………	173
地球温暖化	………………………	384
地球型惑星	………………………	14
地球放射	……………………… 108、179
地衡風	……………………………	218
地衡風平衡	………………………	219
地上天気図	………………………	194
中間圏	……………………………	34
中規模運動（メソスケール）	… 261、262
中小規模擾乱に伴う波	…………	314
中性子	……………………………	34
中層大気	…………………………	370
中立な状態	………………………	104
長波放射	…………………………	173

直接循環	…………………………	291
直達日射量	………………………	174
沈降逆転層	………………………	109
冷たい雨	…………………………	149
定圧比熱	…………………………	70
低気圧	……………………………	41
定積比熱	…………………………	70
停滞前線	…………………………	307
テレコネクション	………………	391
転移層	……………………………	110
転向	………………………………	364
電子	………………………………	34
電離	………………………………	34
電離圏	……………………………	34
電離層	……………………………	34
等圧線	……………………………	194
等圧面天気図	……………………	196
等高度面天気図	…………………	195
東西流型	…………………………	314
等飽和混合比線	…………………	114

な

凪	…………………………………	348
夏極	………………………………	372
南中高度	…………………………	165
南中高度角	………………………	165
南方振動	…………………………	391
南北流型	…………………………	313
日照時間	…………………………	174
熱圏	………………………………	34
熱帯収束帯	………………………	290
熱帯低気圧	………………………	354
熱輸送	……………………………	285
熱雷	………………………………	343
熱力学の第一法則	………………	68

は

波長	…………………………… 36、172
発散	………………………………	266
発生期	……………………………	321
発達期	……………………………	321
ハドレー循環	……………………	291
反比例	……………………………	46
ヒートアイランド	………………	386
非均質圏	…………………………	34
比湿	………………………………	98
非断熱変化	………………………	69
比熱	………………………………	69
白夜	………………………………	164
比容	………………………………	133
ひょう	……………………………	151
比例	………………………………	46
不安定な状態	……………………	104

フェーン現象	64、134
フェレル循環	291、292
吹き寄せ効果	366
フックエコー	342
冬極	372
プラネタリーアルベド	182
プラネタリー波（超長波）	310
ブリューワー・ドブソン循環	35
ブロッキング型	314
ブロッキング高気圧	314
ブロッキング低気圧	314
フロンガス（クロロフルオロカーボン）	379
分圧	47
併合過程	146
平衡高度	119
閉塞	307
閉塞前線	305
閉塞点	323
ベクトル	225
ベクトルの合成	225
ベクトルの分解	225
ベナール型対流	328
偏西風波動	293
ボイス・バロットの法則	263
ボイル＝シャルルの法則	46
ボイルの法則	45
放射対流平衡	184
放射平衡	180
放射平衡温度	180
放射霧	158
放射冷却	108
暴風警戒域	364
飽和	94、149
飽和水蒸気圧	94
飽和水蒸気量	94、149
ポテンシャル不安定	104
ホドグラフ	255
ボラ	349

ま

マイクロバースト	335
マクロバースト	335
摩擦力	240
マルチセル型	339
ミー散乱	189
みぞれ	151
密度	18
メソスケール	262
メソαスケール	262
メソγスケール	262
メソβスケール	262
木星型惑星	14
持ち上げ凝結高度（LCL）	118
もや	157

モンスーン	298

や

山風	349
山谷風	348
融解	56
有効位置エネルギー（CAPE）	129、320
湧昇	393
夕凪	348
陽子	34
予報円	364

ら

雷雨	338
ライミング	151
ラニーニャ現象	394
乱層雲	302
力学的エネルギー	129
陸風	347
理想気体	44
緑色植物の光合成	23
隣辺	235
冷気外出流	340
レイリー散乱	187
ロール状対流雲	330
露点温度	95

わ

惑星	14
惑星渦度	278
惑星規模（プラネタリースケール）	262

A to Z

cos	236
ENSO（エンソ）	393
K（ケルビン）	23
N（ニュートン）	207
sin	236
SSI（ショワルター安定指数）	126
tan	236
U成分	245
UV-A	190
UV-B	190
UV-C	190
V成分	245

●著者　中島　俊夫(なかじま・としお)

1978年、大阪府生まれ。高校卒業後、路上で弾き語り中、突然の雨に打たれ、気象予報士を目指すことに。専門学校で勉強をして2002年に資格取得。そのあとは大手気象会社で予報業務に就く。現在は、個人で予報士講座「夢☆カフェ」を作り、受講生に勉強を教える毎日。また、予報士の劇団「お天気しるべ」を結成し、2013年には旗揚げ公演。著書に『よくわかる気象学・予報技術編(ナツメ社)』『気象予報士かんたん合格10の法則(技術評論社)』『気象予報士かんたん合格解いてわかる必須ポイント12(技術評論社)』がある。特技はイラストと歌うこと。

著書ブログ：気象予報士 中島俊夫の「夢は夢で終わらせない」ブログ
http://ameblo.jp/nakajinoyume/

本書に関するお問い合わせは、書名・発行日・該当ページを明記の上、下記のいずれかの方法にてお送りください。電話でのお問い合わせはお受けしておりません。
・ナツメ社 web サイトの問い合わせフォーム
　https://www.natsume.co.jp/contact
・FAX　(03-3291-1305)
・郵送　(下記、ナツメ出版企画株式会社宛て)
なお、回答までに日にちをいただく場合があります。正誤のお問い合わせ以外の書籍内容に関する解説・受験指導は、一切行っておりません。あらかじめご了承ください。

ナツメ社Webサイト
https://www.natsume.co.jp
書籍の最新情報(正誤情報を含む)はナツメ社Webサイトをご覧ください。

イラスト図解　よくわかる気象学　第2版

2006年 7月10日　第1版第1刷発行
2016年 9月22日　第2版第1刷発行
2025年 6月 1日　第2版第18刷発行

著　者	中島俊夫	© Nakajima Toshio, 2006-2016
発行者	田村正隆	
発行所	株式会社ナツメ社	
	東京都千代田区神田神保町1-52　ナツメ社ビル1F(〒101-0051)	
	電話03(3291)1257(代表)／FAX03(3291)5761	
	振替00130-1-58661	
制　作	ナツメ出版企画株式会社	
	東京都千代田区神田神保町1-52　ナツメ社ビル3F(〒101-0051)	
	電話03(3295)3921(代表)	
印刷所	ラン印刷社	

ISBN978-4-8163-6086-2　　　　　　　　　　　　　　　Printed in Japan
＊定価はカバーに表示してあります　　＊落丁・乱丁本はお取り替えします

本書の一部または全部を著作権法で定められている範囲を超え、ナツメ出版企画株式会社に無断で複写、複製、転載、データファイル化することを禁じます。